Max Thürkauf Pandorabüchsen der Wissenschaft

Max Thürkauf

Pandorabüchsen der Wissenschaft
Das Geschäft mit dem Energiehunger

Energieproduktion und Menschheit wachsen mit zunehmender Geschwindigkeit über alle Grenzen! Ist das eine die Ursache des anderen – was von was? Eine globale biologische Katastrophe droht. Atomkraftwerke sind keine Alternative.

Novalis Verlag

3. Auflage 1979

Gestaltung des Umschlags: Frau I. Reineke, Schaffhausen
Printed in Switzerland by Meier+Cie AG Schaffhausen, Offset Buchdruck
ISBN 3 7214 0054.2

Inhalt

Erinnerung I: Im Jahre 1945 haben Experten mit den Methoden der Wissenschaft bewiesen, daß DDT nur Insekten tötet und für Menschen eine ungefährliche Substanz ist. Einem Schweizer Chemiker wurde dafür der Nobelpreis für Medizin verliehen. Fünfundzwanzig Jahre später wurden in Kalifornien Plakate aufgehängt, auf welchen eine junge Frau abgebildet war, die an ihrer Brust ein Schild trug: „DIESE MILCHQUELLE MÖGLICHST MEIDEN!" In der Muttermilch kalifornischer Frauen wurde siebenmal mehr DDT gefunden, als für Kuhmilch zugelassen werden kann. In Australien wurden noch größere Mengen des Giftes in der Muttermilch gefunden. Und in anderen Ländern? — Im Jahre 1972 wurde das Insektizid DDT auch in seinem Ursprungsland, der Schweiz, verboten.

Henry Ford I sagte: „Wenn ich meine Konkurrenz mit unfairen Methoden bekämpfen wollte, so würde ich sie mit Experten überschwemmen."

Erinnerung II: Fünfundzwanzig Jahre nach dem Jahr 1945 haben Experten mit den Methoden der Wissenschaft bewiesen, daß Atomkraftwerke für Menschen ungefährlich sind, daß man sie inmitten von Menschen bauen darf. — Kürzlich wurden im Lande Technonien Plakate aufgehängt, auf welchen ein junger Mann abgebildet war, der unter dem Gürtel ein Schild trug: „DIESE SAMENQUELLE MÖGLICHST MEIDEN! — VERWENDEN SIE DIE STRAHLENSICHERE SAMENBANK."

Zur Einführung

Im Verlaufe der letzten fünf Jahre sind unter dem Zwang von Verhältnissen, die nicht mehr bestritten werden können, Worte wie „Umwelt" und „Umweltschutz" im Bewußtsein der Massen zu Begriffen geworden. Die Belastung der Biosphäre durch den industriellen Raubbau hat solche Formen angenommen, daß es die Verantwortlichen für geschickter halten, wenn sie mit Vierfarbendrucken auf Glanzpapier in ganzseitigen Inseraten darstellen, daß wir dank ihrer Bemühungen einer Zeit entgegengehen, wo es endlich saubere Luft und reines Wasser gibt. Ja, wenn man die Elaborate der Texter liest — die mit Vorzug in populär-wissenschaftlichen Zeitschriften erscheinen —, könnte man glauben, daß chemische Fabriken oder Petroleumgesellschaften die eigentlichen Erfinder von reinem Wasser und sauberer Luft seien. Millionen geben sie dafür aus, kann man in ihrer Umweltpropaganda lesen (wieviel sie durch die Zerstörung der Umwelt eingenommen haben und immer noch einnehmen, schreiben sie nicht). Was diese Bilanz anbelangt, scheint der (politisch unumgänglich gewordene) Umweltschutz der (ebenfalls politisch unumgänglich gewordenen) Entwicklungshilfe sehr zu gleichen: die Industrieländer stecken Millionen in die Entwicklungsländer — ungeschickterweise ist es ihnen nicht möglich, zu verheimlichen, daß sie ein Vielfaches dieser Millionen (meist als umweltbelastende Rohstoffe) aus ihrer „Nächstenliebe" herausholen.
Das Problem des Umweltschutzes ist viel älter als das bereits zum guten Ton einer wirksamen Geschäftspropaganda gehörende Schlagwort. Noch vor zehn Jahren war es äußerst unpopulär, von der bedrohten Umwelt zu sprechen. Jemand, der sich damals für den Schutz der Biosphäre, der Gewässer und der Luft einsetzte,

wurde von industriellen oder der Industrie nahestehenden Kreisen (wozu — es soll nicht vergessen werden — auch naturwissenschaftliche Universitätsinstitute gehören) bestenfalls mit Herablassung behandelt und als Sektierer abgestempelt. Die Tatsache, daß es unter den Naturschützlern Sektierer gibt, war für ihre Beweisführung ein willkommener Umstand. Es sind kaum fünf Jahre verstrichen, seit der Direktor der Bioforschung eines Basler Chemiekonzerns (ein Mediziner, der von der Molekularbiologie vieles — Wissenschaftliches und Geschäftliches — erhofft) in einem Vortrag über Umweltprobleme zum Ausdruck gebracht hat, daß wir schließlich noch nicht im Kohlenmonoxyd ersticken und daß der unvorstellbare Dreck des Mittelalters schlimmer gewesen sei. Heute hat sein Konzern — wie es in allen Industriekonzernen, die etwas auf sich halten, Mode geworden ist (nur die Kleinen können es sich nicht leisten) — eine Abteilung für Umwelt und Umweltschutz (mit allem, was dazu gehört: Direktor, Sekretärinnen, Chemiker und Laboranten — wie gesagt, es werden Millionen ausgegeben).

Als die Verlagsleitung vor drei Jahren bei dem Autor dieses Buches, Prof. Dr. phil. Max Thürkauf, angefragt hatte, ob er für die Zeitschrift DIE KOMMENDEN eine Artikelserie zum Problem der maßlosen Steigerung der Produktion von elektrischer Energie und zum daraus folgenden Zwang, Atomkraftwerke zu bauen, schreiben wolle, war der Begriff „Umweltschutz" eben geprägt worden. Einige dieser Aufsätze sind — den heutigen technischen Verhältnissen angepaßt — in diesem Buch zu finden. Auf jedes Kapitel folgen (für den Fachmann geschriebene) wissenschaftliche Begründungen. Der physikalisch-chemische Laie kann die Abschnitte mit den Formeln, ohne Information zu verlieren, überspringen.

Dr. phil. Max Thürkauf ist an der Universität Basel Professor für physikalische Chemie. Während mehr als zehn Jahren hat er wissenschaftliche Arbeiten durchgeführt, die im Zusammenhang mit der Gewinnung von Atomenergie standen. Dieser Zeitabschnitt seiner Forschungstätigkeit umfaßte das Gebiet der Trennung und Eigenschaften von stabilen Isotopen. Unter seiner Leitung wurde

am physikalisch-chemischen Institut der Universität Basel eine Anlage gebaut und betrieben, mit der es gelang, das schwere Sauerstoffisotop 18 auf eine Konzentration anzureichern, die damals in der ganzen Welt nirgends zur Verfügung stand. Im Jahre 1963 wurde ihm dafür der RUZICKA-Preis verliehen (eine schweizerische Auszeichnung für besondere Leistungen auf dem Gebiet der Chemie). Ebenfalls steht sein Name als Miterfinder auf Patenten für eine Anlage zur Herstellung von schwerem Wasser, die von einer weltbekannten Maschinenfabrik in Europa und Übersee gebaut wurde. Das schwere Wasser hat für Atomkraftwerke, die mit natürlichem Uran betrieben werden, eine große Bedeutung.
Die überstürzten und verantwortungslosen Anwendungen naturwissenschaftlicher Erkenntnisse durch die Großindustrie zum Zwecke maßloser Geschäfte (jenes Wirtschaftssystem, das entsprechend den Jahresberichten der UNO dazu führt, daß die Reichen immer reicher und die Armen immer ärmer werden) haben Professor Thürkauf in einen Gewissenskonflikt geführt, der ihn zwang, sich von dieser Art Forschung zu distanzieren. Bereits Anfang der sechziger Jahre hielt er philosophisch-naturwissenschaftliche Vorlesungen mit wissenschaftskritischen Aspekten. Es wurden von ihm Titel wie „Die Naturwissenschaften und das menschliche Sein", „Teleologische Kritik der exakten Naturwissenschaften", „Gedanken zur Anwendung physikalisch-chemischer Gesetze auf das Phänomen Leben" oder „Die biologische Grenze physikalisch-chemischer Methoden" angekündigt.
Im Verlaufe der Jahre verschärfte sich der Gegensatz zwischen der von Professor Thürkauf vertretenen Ansicht über die Naturwissenschaften und der physikalischen Chemie, wie sie heute an einem Universitätsinstitut als Lehre und Forschung (im Interesse der Industrie) betrieben werden muß. Nach dem Tod seines Lehrers im Sommer 1963 wurde ihm die Leitung des Institutes übertragen, die er in der Folge mehrere Jahre innehatte. Auf eine Bewerbung als Ordinarius für physikalische Chemie hat Professor Thürkauf konsequenterweise verzichtet. Der neue Ordinarius — in einem gewissen Sinne sein Nachfolger — sah sich im Interesse des Institutes gezwungen, ihm nahezulegen, von seiner Stelle zurückzutreten. Das

Erziehungsdepartement der Stadt Basel, dem der Lehrkörper der Universität untersteht, konnte nicht anders, als den neuen Institutsvorsteher in seiner Pflicht zu unterstützen. So mußte Professor Thürkauf im Interesse einer modernen physikalisch-chemischen Forschung nach dreizehn Jahren die Stelle am Institut aufgeben. Selbstverständlich wurde der Grundsatz der Freiheit von Lehre und Forschung nicht verletzt: er darf an der Universität (was er auch tut) weiterhin Vorlesungen halten und Forschung betreiben — nur erhält er keinen Lohn mehr.

Im Beisein eines Beamten des Erziehungsdepartementes erklärte ihm der neue Ordinarius seinen Standpunkt etwa folgendermaßen: „Sehen Sie, Herr Kollege, Ihre Betrachtungen sind an sich sehr interessant, und als Antithese können sie der These (der richtigen Naturwissenschaft) durchaus nützlich sein. Aber — um es Ihnen mit einem Vergleich deutlich zu machen — ich würde, obwohl ich Militärdienstverweigerern durchaus ehrenwerte Gründe zugestehe, niemals einen Militärdienstverweigerer in den Generalstab aufnehmen."

Mit diesem Vergleich hat er den Nagel auf den Kopf getroffen. Die moderne Wissenschaft und das Militär weisen eine interessante Parallele auf. — Die Großindustrie verlangt von ihren „Wissenschaftlern", daß sie ihr Wissen anwenden wie der Soldat die Waffe: schnell. Zum Denken bleibt keine Zeit. Welche Militärs würden einen Soldaten schätzen, der sich über das Maschinengewehr und seine Wirkungen Gedanken macht? Das könnte ihn von der Anwendung zurückhalten. So etwas wäre gegen das Geschäft. Das Wort Wissenschaftler wurde im Zusammenhang mit der Großindustrie in Anführungszeichen gesetzt, weil es sich in diesem Falle selten um Wissenschaftler, sondern meistens um Wisser oder sogar Besserwisser handelt. Ein Unterschied zwischen einem Wissenschaftler und einem Wisser besteht darin, daß ein Wissenschaftler über sein Wissen und über das Denken nachdenkt. Der Wisser wendet sein Wissen um der Karriere, der Macht und des Geschäftes willen an — ohne zu denken. Speichern und Anwenden von Wissen sind noch lange nicht Denken. Daher arbeiten beim Militär auch keine Wissenschaftler. Denken braucht weit mehr Zeit, als den

großindustriellen Geschäftemachern bis zum Herzinfarkt zur Verfügung steht.
Diejenigen, die mit Hilfe wissenschaftlicher Erkentnisse Geschäfte machen, verstehen in den meisten Fällen nichts von Wissenschaft. Wenn jeder Autofahrer die Thermodynamik einer Wärmekraftmaschine kennen müßte, würden die Städte nicht in Auspuffgasen und Lärm ersticken. Wenn die Aktionäre von Atomkraftwerken etwas von Physik, Chemie oder Biologie verstehen müßten, bestünde die Gefahr einer radioaktiven und thermischen Verseuchung der Umwelt nicht. Heute ist es möglich, mit Maschinen und Wissenschaft riesige Geschäfte zu machen, ohne etwas davon zu verstehen. Die Geschäftemacher können sich die erforderlichen Physiker, Chemiker, Biologen, Ingenieure und Techniker halten. Allerdings, der Preis für ein solches „Brain-Team" ist beachtlich. Die Wissenschaftler sind sich ihres Standes bewußt, sie verkaufen sich teuer. Die Geschäftsleute können sich deren Anschaffung und Unterhalt leisten — das technokratische Geschäft ist das größte Geschäft der Weltgeschichte.
Seit die Welt besteht, haben sich die Geschäftemacher kaum geändert. Sie sind weder schlechter noch besser geworden. Sie haben vor, nach und mit der Kreuzigung Christi Geschäfte gemacht — sie wissen nicht, was sie tun. Was sich geändert hat, ist das Wissen um die *materiellen* Kräfte der Natur. Diejenigen, die darum wissen, können Dinge tun, die vorher nie getan worden sind.
Die Atomgeschäftsphysiker wissen, daß ein Atomkraftwerk — allerdings mit einer winzigen Wahrscheinlichkeit — explodieren kann. Nicht wie eine Atombombe, nein, gewiß nicht. Aber die Menge an Radioaktivität, die im Reaktor eines Atomkraftwerks enthalten ist, kann ein Vielfaches der Radioaktivität sein, die bei einer Atombombenexplosion frei wird. Wenn das Atomkraftwerk in einer besiedelten Gegend steht und nur ein Teil dieser Radioaktivität über die Umwelt verschüttet wird, bedeutet dies Tod oder Siechtum für Tausende. Die Atomgeschäftsphysiker wissen das — und die Versicherungsgesellschaften wissen es auch. Diese weigern sich, Verträge ohne Begrenzung der Haftung abzuschließen. Keine Versicherung der Welt könnte für den Schaden (auch nur den mate-

rieller) aufkommen, der bei der Explosion oder Verschwelung eines Atomreaktors in einem besiedelten Gebiet entstehen würde.
Die Atomgeschäftschemiker wissen, daß das Problem der Lagerung radioaktiver Spaltprodukte, Atommüll genannt, ungelöst ist. Sie wissen, daß es ein Verbrechen ist, diese heimtückischen Gifte, in Fässern verpackt, im Meer zu versenken. Sie tun es trotzdem. Die Europäische Organisation für Kernenergie (man sagt heute lieber Kern- als Atomkraftwerk — vielleicht aus psychologischen Gründen in Hinsicht auf das Wort Atombombe) hat dafür einen Frachter gechartert, die „Topaz". Zum Beispiel hat dieses Schiff im Jahr 1967 auf fünf Fahrten 11'000 Tonnen Atommüll im Atlantik versenkt. Wem gehört der Atlantik?
Die Atomgeschäftsingenieure wissen, daß sie nicht in der Lage sind, Gefäße zu bauen, die jahrhundertelang absolut dicht sind. Das müßten sie können, denn der Atommüll bleibt jahrhundertelang giftig. Trotzdem werden die Fässer im Meer versenkt — unter der Leitung von Atomgeschäftsingenieuren.
Die Atomgeschäftsbiologen wissen, daß die Lebewesen radioaktive Gifte aus größten Verdünnungen zu konzentrieren vermögen (zum Beispiel in Nahrungsketten). Das Strontium 90 ist besonders gefährlich. Sie wissen, daß die Argumente der Chemiker und Physiker, die Gifte seien wegen ihrer großen Verdünnung gefahrlos, unzutreffend sind. Sie wissen es und schweigen.
Die Atomgeschäftswissenschaftler wissen, was sie tun. In ihrem Fall kann schweigen lügen sein. Sie schweigen nicht. Sie dürfen nicht schweigen. Sie müssen die Gefahrlosigkeit der Atomkraftwerke predigen. Sie stehen im Sold der Atomgeschäftsleute. Söldner wissen, für was sie bezahlt werden.
Denken die Atomgeschäftsleute nicht an die Kinder? Zum Beispiel an ihre Kinder.

Das Geschäft mit dem Energiehunger

Der Mensch weiß, daß er ist. Daher hat er nicht bloß dann Hunger, wenn er hungrig ist. So kurzsichtig und bescheiden sind nur die Tiere. Sein Wissen um sich selbst macht den Menschen hungriger als einen Wolf. Er hat heute schon Hunger für morgen, für übermorgen und für sein ganzes Leben. Es gibt Menschen, die sind so hungrig, als müßten sie tausend Jahre leben.

Nach Nahrung, Macht und Geld haben die Menschen gehungert, soweit uns die Geschichte zurückblicken läßt. Es gab Kulturen, die einen größeren, und solche, die einen kleineren Appetit hatten. Der Inka Atahualpa soll den Konquistadoren Pizarro gefragt haben: „Warum wollt ihr Gold, wo es in unserem Land so schöne Blumen gibt?" Pizarro ließ ihn hinrichten, nachdem er ihm ein Zimmer mit Gold gefüllt hatte. Das christliche Abendland hat sich durch seinen Hunger ganz besonders hervorgetan. Sein Appetit hat sich seit jenen Zeiten vergrößert.

Vor etwas mehr als hundert Jahren wurde die Speisekarte der Menschen um ein Gericht bereichert. Einmal Vorspeise, ist es heute Pièce de résistance der Menschheitsmahlzeit geworden: die Energie. Nicht die Energie des Geistes oder der Seele. Die Energie als physikalische, meßbare Größe. Als Produkt aus Kraft mal Weg. Die Energie also, die von Maschinen produziert werden kann. Diese Energie hat das Antlitz der Erde verändert. Wenn vor hundert Jahren selbst in einer Stadt viele Schritte gemacht werden mußten, bis man einer Maschine begegnete, so ist heute ein Stadtbewohner von mehr Maschinen als Lebewesen umgeben. Es verstreicht keine Sekunde, wo er nicht eine Maschine sieht oder hört. Eine Veränderung des menschlichen Daseins, die bemerkenswert ist.

Das, was wir als Fortschritt bezeichnen, ist eine Perfektionierung

und Vermehrung der Maschinen. Nichts anderes. Die Werte des Lebens und des Menschen haben sich seit dem Horizont der Geschichte kaum verändert. Kulturelle Werte zählen bei der Festlegung des Entwicklungsgrades eines Landes nicht. Man bezeichnet die Länder mit vielen Maschinen als entwickelt. Unterentwickelt sind jene, die wenig oder keine Maschinen haben. Nur die Maschinen haben Gewicht. Die Ethnologen werden bei der Planung von sogenannten Entwicklungshilfen selten um ihre Meinung gefragt. Das könnte allfällige Geschäfte verderben. Fortschritt heißt mehr und bessere Maschinen. Fortschritt und Entwicklung sind daher das Werk von Technikern und Wirtschaftlern. Das Ziel dieses Fortschritts ist die Technokratie, die Herrschaft der Maschine.
Maschinen produzieren und brauchen Energie. Seit der Mitte des vergangenen Jahrhunderts haben sich die Maschinen ungeheuerlich vermehrt. Der Energiehunger der Welt ist millionenfach gewachsen. Aber nicht nur die Maschinen haben sich seit jener Zeit gewaltig gemehrt: auch die Menschen. Etwas anderes wurde dezimiert: Tiere und Pflanzen. In dem Maße, wie sich Menschen und Maschinen vermehren, verschwindet die übrige Schöpfung. Seit der Anwendung technischer Möglichkeiten sind mehr als 90 Säugetier- und Vogelarten ausgerottet worden. Über 100 Arten stehen heute unmittelbar vor der Ausrottung. Es gibt verschiedene Vorstellungen für das Ende der Zeiten. Was ist das für eine Welt, in der es nur noch Maschinen, Menschen und sogenannte nützliche Tiere und Pflanzen gibt? Nicht das Geringste der ausgerotteten Lebewesen kann mit den Mitteln der Wissenschaft wieder geschaffen werden. Ausrotten ist mehr als töten.
Es kann eindeutig nachgewiesen werden, daß das Anwachsen der Energieproduktion mit der Vermehrung der Menschheit verknüpft ist. Ein Drittel der heutigen Menschheit ist nicht besser ernährt als die Insassen des Konzentrationslagers Auschwitz. Eine Milliarde Menschen! 40 Millionen verhungern jedes Jahr. Also jede Stunde mehr als viertausend. Weitere 40 Millionen Menschen werden im kommenden Jahr nur deshalb nicht verhungern, weil sie infolge mangelnder Ernährung an einer Krankheit oder Seuche sterben. Die Vermehrung der Menschheit hatte und hat ungeheure Kon-

sequenzen. Vor hundert Jahren gab es erst eine Milliarde Menschen. Heute sind es drei. Die Zahl der Hungernden hat sich eindeutig vermehrt.
Es drängt sich eine Frage auf, die wohl kaum zu beantworten ist. Jedoch gibt sie zu denken: was war zuerst; die rasende Vermehrung der Menschheit oder die ebenso rasende Vermehrung der Energie- und Maschinenproduktion? Hat sich die Menschheit wegen der Energie- und Maschinenproduktion vermehrt, oder wurden Maschinen- und Energieproduktion wegen der zunehmenden Menschheit vergrößert? Wie die Meinung auch sein mag, eine Bekämpfung der Hungerkatastrophe mit einer weiteren Vermehrung der Maschinen wird in Anbetracht dieser Ungewißheit zumindest fragwürdig.
Die FAO (Food and Agriculture Organization) stellt fest, daß die heute zur Verfügung stehenden Mittel längst zur Bewältigung des Hungers ausreichen. Da die obengestellte Frage nicht beantwortet werden kann, sollte von einer weiteren maßlosen Vermehrung der Energie- und Maschinenproduktion abgesehen werden. Wenigstens so lange, bis sich eine Tendenz abzeichnet, in deren Richtung eine Antwort zu suchen ist. Die Bekämpfung des Welthungers ist eine Notwendigkeit. Im Mund der Technokraten leider nur ein Vorwand, um das Energie- und Maschinengeschäft immer mehr zu steigern. Dieser Vorwand bekommt dadurch eine zynische Note, weil die moderne Wirtschaft dazu führt, daß die Hungersnot und der Unterschied zwischen armen und reichen Völkern immer größer werden. Weil die Steigerung der Energieproduktion ausschließlich im Interesse irgendeiner Macht oder eines Geschäftes gemacht wird, lassen sich die Probleme von arm und reich und des Hungers damit nicht lösen. Schlimmer noch, sie werden mit derselben rasenden Geschwindigkeit, mit der Energie und Maschinen anwachsen, größer. Beispiele für raubbauende und zerstörende Steigerung der Energieproduktion sind die Ausbeutung neuentdeckter Ölvorkommen und die Erzeugung von Atomenergie. Ein neuentdecktes Ölfeld wird nicht in weiser Voraussicht als Reserve für kommende Generationen betrachtet. Es wird von den Ölgesellschaften sofort ausgebeutet. Man hat den Eindruck von einer grenzenlosen Gier.

Damit das zusätzlich geförderte Öl verkauft werden kann, müssen die entsprechenden Verbrauchsmaschinen geschaffen werden. Falls die bekannten nicht ausreichen, werden neue erfunden. Erfinder ist heute ein pensionsberechtigter Beruf. Die Propagandaindustrie sorgt mit Vergnügen dafür, daß die neuen Maschinen für den modernen Menschen schon nach kurzer Zeit unentbehrlich geworden sind. Modern leben ohne Maschinen ist undenkbar geworden. Alaska konnte kein größeres Unglück widerfahren als die Entdeckung der riesigen Ölvorkommen. Bald werden das Land verschmutzt und die nördlichen Meere mit der Ölpest verseucht sein. Es gibt für das Leben im und auf dem Meer kaum ein gefährlicheres Gift als Erdöl. Auch die Vergiftung der Atmosphäre wird durch jede neuentdeckte Ölquelle beschleunigt. Das Öl bringt nur dann Geld, wenn es auf irgendeine Weise verbrannt wird. Zu Energie. Die Abgase sind giftig. Riesige Mengen werden ausgestoßen. Täglich mehr. Die Geologie kennt keine Gründe, die gegen die Möglichkeit sprechen, daß es unter der Erde so viel Öl und Kohle gibt, um damit sämtliche Luft zu verbrauchen.
Bei der Erzeugung von Atomenergie entstehen keine oder ganz wenig Abgase. In dieser Hinsicht wären Atomkraftwerke ideal. Aber es entstehen beim Kernspaltungsprozeß Gifte von einer ganz besonderen Gefährlichkeit: die radioaktiven Spaltprodukte. Es hat welche dabei, die schon in kleinsten Mengen Siechtum und Tod verursachen. Nicht nur für die Menschen, die damit in Berührung kommen. Auch für deren Kinder. Vielleicht sogar Kindeskinder. Das Erbgut kann tiefgreifend gestört werden. Darin liegt die außerordentliche Gefährlichkeit der radioaktiven Gifte. Von den biologischen Spätwirkungen weiß die Wissenschaft nicht viel, weil die Gifte noch kein Menschenalter bekannt sind.
Wenn die radioaktiven Gifte den Reaktor nicht verlassen, so können sie niemanden vergiften. Bis heute verfügt man über keine Erfahrung mit Atomkraftwerken, die älter als eine Generation ist. Um die notwendigen Erfahrungen zu sammeln, müßte man wegen der außerordentlichen Gefährlichkeit der radioaktiven Spaltprodukte jahrzehntelange Versuche mit einigen wenigen Atomkraftwerken machen. Und zwar in menschenleeren Gegenden.

Die Atomgeschäftsleute haben es eilig. Sie wollen das Atomgeschäft heute machen. Morgen könnte es zu spät sein. Gute Geschäftsleute sind nüchtern und schließen einen Herzinfarkt nicht aus. (Nur ein abgeschlossenes Geschäft ist ein gutes Geschäft.) Sie geben vor, gegen den Energiehunger der Menschheit zu kämpfen. Sie sprechen von den Enkeln, Urenkeln und, wenn sie ganz weit blicken, von noch mehr Ur. Wenn den Geschäftsleuten und ihren Chemikern, Physikern, Ingenieuren und Biologen das Schicksal der Enkel ein Anliegen wäre, so würden sie mit dem Bau von Atomkraftwerken zurückhaltend sein. So lange, bis sie mehr über die Bewältigung der ungeheueren Gefahren wissen. Vielleicht solange, bis die Enkel, um deren Energiehunger sie sich sorgen, erwachsen sind. Das aber könnte heißen, daß sie sich das Atomgeschäft von unten ansehen müssen. An oben glauben sie nicht. Daher lautet ihr Prinzip: Nur ein abgeschlossenes Geschäft ist ein gutes Geschäft. Also verkaufen sie den Energiehunger der Enkel. Um jeden Preis. Auch um den Preis der Enkel. Sie bauen Atomkraftwerke inmitten von Frauen und Männern, die vielleicht nie Großmutter und Großvater werden.

Entropie – Preis der Energie

In einer Arbeit über mechanochemische Systeme machte Werner Kuhn 1963 eine Angabe über die von allen Maschinen und Lebewesen auf der Erde erzeugte mechanische Energie. Werner Kuhn, ein auf dem Gebiet der physikalischen Chemie weltbekannter, mit vielen wissenschaftlichen Ehrungen ausgezeichneter Gelehrter, war als Ordinarius an der Universität Basel mein verehrter Lehrer.
Die von der Technik produzierte mechanische Energie wurde damals auf 1—2mal 10^{16} Kilokalorien pro Jahr geschätzt, der eine Schätzung von 1—2mal 10^{17} Kilokalorien pro Jahr an mechanischer Energie gegenüberstand, die pro Jahr von den Lebewesen der gesamten Biosphäre geleistet wurden. In beiden Fällen ist die in den Einheiten der Wärmemenge angegebene Energie als ein Äquivalent der als skalares Produkt aus Kraft und Weg auftretenden Form der freien Energie, eben der mechanischen Arbeit, zu verstehen. Die von den Lebewesen erzeugte mechanische Arbeit ist nach dieser Abschätzung also etwa zehnmal größer als die von allen Maschinen der Erde produzierte freie Energie. Das war vor ungefähr zehn Jahren. In Anbetracht der exponentiellen Zunahme der technischen Produktion, die bekanntlich von einer exponentiellen Abnahme der Tiere und Pflanzen begleitet ist, dürfte sich dieses Verhältnis seither zugunsten der Maschinen verschoben haben.
Um uns eine Vorstellung über die von allen Maschinen erzeugte mechanische Energie zu machen, wollen wir uns die Frage stellen, wieviel Wasser man pro Sekunde damit verdampfen könnte, wenn diese Energie total in Wärme verwandelt würde. Wenn die spezifische Verdampfungswärme von Wasser zu 539 kcal pro kg angenommen wird, so ergibt die Rechnung eine Größenordnung von etwa 1000 Tonnen Wasser pro Sekunde. Das entspricht einer mitt-

leren Wasserführung des Rheines bei Basel — eine ungeheure Menge Dampf würde einem solchen Dampfkessel entströmen. Die Wassermenge, die man mit dem Total der von allen Lebewesen erzeugten mechanischen Energie verdampfen könnte, entspräche der Wasserführung eines Stromes, der zehnmal so groß ist wie der Rhein bei Basel. Wollte man aber Wärmekraftmaschinen bauen, die die gesamte von den Lebewesen erzeugte mechanische Energie zu produzieren vermöchten, müßten mit Kohle, Öl oder Atomenergie Dampfkessel geheizt werden, in welchen pro Sekunde eine etwa dreimal so große Wassermenge, also 30'000 Tonnen, verdampft werden könnten. Das heißt, daß mit Wärmekraftmaschinen nur etwa ein Drittel der zugeführten Wärme in mechanische Arbeit oder eine andere Form der freien Energie, zum Beispiel Elektrizität, umgewandelt werden kann.

Diese Tatsache beruht nur zum Teil auf einer technischen Unzulänglichkeit der verwendeten Maschinen. Zur Hauptsache ist dieser Verlust die Folge eines Naturgesetzes, das heißt, die Gründe sind prinzipieller Art und können durch technische Verbesserungen an den Wärmekraftmaschinen nicht aus der Welt geschafft werden. Dieses Naturgesetz, dem alle Wärmekraftmaschinen unterworfen sind, nennen die Physiker den 2. Hauptsatz der Thermodynamik oder auch den Entropiesatz. Man könnte sagen, wenn man Naturgesetzen eine Schuld geben will, der Entropiesatz sei schuld daran, daß bei einem Wärmekraftwerk weitaus mehr als die Hälfte der produzierten Wärme als eine Art von Abfall weggeführt werden muß. Diese Abfallwärme wird bei thermischen Kraftwerken entweder in Gewässer abgeführt oder mit Kühltürmen von der Höhe gotischer Kathedralen in die Atmosphäre geleitet. Dies ist ein Punkt, in dem sich die technische Produktion von freier Energie wesentlich von der Erzeugung mechanischer Arbeit durch Lebewesen unterscheidet. Auch davon soll noch die Rede sein.

Grundlegend für alle Energiebetrachtungen ist der 1. Hauptsatz der Thermodynamik oder der Energiesatz. Er beruht, wie alle von der Naturwissenschaft gefundenen Naturgesetze, auf Erfahrung, das heißt, auf im Laboratorium durchgeführten Beobachtungen und Experimenten. Rein intelligible Beweisführungen, wie zum

Beispiel in der Mathematik, gibt es im Bereich der Naturwissenschaft nicht. Dies ist mitunter ein Grund, warum die Mathematik nicht zu den Naturwissenschaften zählt. An manchen Universitäten ist die Mathematik in der naturwissenschaftlichen Fakultät untergebracht, weil sie für die Physik ein unentbehrliches Werkzeug ist. So beruht der 1. Hauptsatz auf der Erfahrung, daß der Bau eines Perpetuum mobile 1. Art nicht möglich ist. Ein Perpetuum mobile 1. Art wäre eine Maschine, die mehr Energie an die Umgebung abzugeben vermöchte, als sie aus der Umgebung aufnimmt. Der 1. Hauptsatz der Thermodynamik beruht also auf einer negativen Erfahrungstatsache; negativ aus dem Grund, weil die Techniker gerne mehr aus einer Sache herausholen, als sie hineingeben.
Physikalisch formuliert lautet der 1. Hauptsatz: In einem abgeschlossenen System ist die Summe aller umgesetzten Energien konstant oder die Summe aller Energiedifferenzen gleich Null. Die Gültigkeit erstreckt sich auf alle bekannten Energieformen, wie zum Beispiel Wärme, mechanische Energieformen, elektrische Energie, Licht, chemische Energie oder Atomenergie. Da bis heute auch nicht die geringste Andeutung eines Zweifels für die Gültigkeit des 1. Hauptsatzes beobachtet werden konnte, nehmen die Physiker an, daß dieses Naturgesetz ebenfalls für allfällig noch unbekannte Energieformen gilt. Diese Annahme beruht neben den experimentellen Tatsachen sicher auch auf unserem Gefühl, daß es nicht möglich sei, aus dem Nichts ein Etwas zu machen. Die mathematische Formulierung des 1. Hauptsatzes lautet

$$\sum U = \text{const.}$$

Die Summe aller Energien ist konstant, oder

$$\sum \Delta U = O$$

Die Summe aller Energiedifferenzen ist Null.

Die Summe aller Energieformen eines Systems wird als die innere Energie des Systems bezeichnet. Die innere Energie hat in der Thermodynamik den Rang einer Zustandsgröße, das ist eine Größe, die ausschließlich vom Zustand des betrachteten Systemes, nicht aber vom Weg, über welchen der Zustand erreicht wurde, abhängt. Ist eine Zustandsgröße U zum Beispiel eine Funktion von zwei Variablen x und y, so kommt der vom Weg unabhängige Charakter der Größe mathematisch dadurch zum Ausdruck, daß ihre zweiten, partiellen Ableitungen einander gleich sind; also

$$\frac{\partial^2 U}{\partial x \, \partial y} = \frac{\partial^2 U}{\partial y \, \partial x}$$

Die Unmöglichkeit eines Perpetuum mobile 1. Art kann auf Grund dieser Bedingung mit dem folgenden Integral formuliert werden

$$\oint dU = O$$

In Worten: das Integral des totalen Differentials einer thermodynamischen Zustandsgröße, über einen Kreisprozeß genommen, ist stets Null. Wäre das für die innere Energie nicht unter allen Umständen der Fall, so gäbe es einen Weg zur Durchführung von Zustandsänderungen, auf welchem Energie aus dem Nichts entstehen würde. Solche Zustandsänderungen könnte man als Kreisprozeß in einer laufenden Maschine abspielen lassen, die dann mehr Energie produzieren würde, als sie aufnimmt, die also ein Perpetuum mobile 1. Art wäre.

Wir wollen uns jetzt den 2. Hauptsatz der Thermodynamik ein wenig ansehen, der ja das Naturgesetz beschreibt, auf Grund dessen eine Wärmekraftmaschine nur einen Bruchteil der ihr zugeführten Wärme in freie Energie verwandeln kann. Ein physikalisch-chemischer Vorgang kann prinzipiell auf zwei verschiedene Arten ablaufen: entweder sind die Versuchsbedingungen so, daß der Vorgang einsinnig abläuft und dadurch mit irreversiblen Prozessen verbunden ist; oder das Experiment wird so geführt, daß durch geringste Änderungen der Versuchsbedingungen der Vorgang in der umgekehrten Richtung, das heißt reversibel verläuft. Bei physikalisch-chemischen Prozessen sind streng reversible Versuchsbedingungen ein theoretischer Grenzfall, was bedeutet, daß alle wirklichen Vorgänge aus physikalisch-chemischer Sicht mehr oder weniger irreversibel sind.

Experimentell wurde festgestellt, daß bei einem reversibel durchgeführten Prozeß die Summe aller Quotienten aus den umgesetzten Wärmemengen und den jeweils herrschenden absoluten Temperaturen, bei welchen die entsprechenden Wärmemengen umgesetzt werden, nur vom Anfangs- und Endzustand des Prozesses, nicht aber vom Prozeßweg abhängt. Diese Quotienten haben also den Rang einer Zustandsgröße wie etwa die beim 1. Hauptsatz definierte innere Energie; man hat ihr den Namen Entropie gegeben. Die Entropie S ist also durch die Beziehung

$$S = \frac{Q_{rev}}{T}$$

gegeben, wobei Q_{rev} die bei der absoluten Temperatur T reversibel umgesetzte Wärme bedeutet. Wenn die Entropie S zum Beispiel von den Variablen x und y abhängt, gilt auch hier die Beziehung

$$\frac{\partial^2 S}{\partial x \, \partial y} = \frac{\partial^2 S}{\partial y \, \partial x}$$

weil S eine Zustandsgröße ist. Wird mit dem physikalisch-chemischen System ein Kreisprozeß durchgeführt, so gilt für das totale Differential dS der Entropie das Integral

$$\oint dS = O$$

Dieser Ausdruck, der unserer Formulierung des 1. Hauptsatzes analog ist, stellt eine Formulierung des 2. Hauptsatzes der Thermodynamik dar. Um die Tragweite dieses Naturgesetzes zu erkennen, muß das ins Auge gefaßte physikalische System selbst und die Umgebung, in der es sich befindet, also die Umwelt, betrachtet werden.

Das System selbst, zum Beispiel eine Wärmekraftmaschine, befindet sich nach Durchlauf eines Kreisprozesses, entsprechend dem obenstehenden Integral, wieder im gleichen Entropiezustand. Wenn der Prozeß vollständig reversibel durchgeführt wurde, so hat sich entweder die Entropie der Umwelt nicht geändert, oder es bestünde die Möglichkeit, eine allfällige Entropievergrößerung der Umwelt mit Hilfe der produzierten freien Energie wieder rückgängig zu machen. Enthält der Prozeß jedoch irreversible

Schritte, oder wird die auf reversible Weise produzierte freie Energie in irreversiblen Vorgängen verbraucht, so vermehrt sich der Entropiegehalt der Umwelt in einer solchen Weise, daß es kein Mittel gibt, um diese neu entstandene Entropie wieder aus der Welt zu schaffen. Da alle praktisch ablaufenden physikalisch-chemischen Prozesse irreversible Schritte enthalten, ist die Entropie also eine Größe, die in der Welt ständig zunimmt. Für den theoretischen Grenzfall der reversiblen Prozesse könnte sie höchstens konstant bleiben, niemals aber nimmt die Entropie der Welt ab. Dies kann als eine andere Formulierung des 2. Hauptsatzes betrachtet werden.
Wie wir bereits erwähnt haben, besteht die prinzipielle Tatsache, daß mit einer Wärmekraftmaschine nur ein Teil der zugeführten Wärme in mechanische Energie verwandelt werden kann. Dieser Umstand stellt eine weitere Formulierung des 2. Hauptsatzes dar. Unter Verwendung des 1. und 2. Hauptsatzes zeigen theoretische Überlegungen, daß eine reversibel arbeitende Wärmekraftmaschine den größtmöglichen Wirkungsgrad aufweist; das heißt, daß mit einer solchen Maschine, die allerdings einen theoretischen Grenzfall darstellt, am meisten der zugeführten Wärme in mechanische, beziehungsweise freie Energie verwandelt werden kann. Die Beziehung für den Wirkungsgrad einer solchen Maschine, nach dem französischen Physiker Sadi Carnot als Carnot-Maschine bezeichnet, lautet

$$A = Q\,\frac{T_2 - T_1}{T_2}$$

Dabei bedeutet A die produzierte mechanische Arbeit, Q die bei der Temperatur T_2 der Maschine zugeführte Wärmemenge. Die aus der Differenz Q — A in Erfüllung des 1. Hauptsatzes sich ergebende Wärmemenge muß bei der tieferen Temperatur T_1 von der Maschine weggeführt werden. Die Formel zeigt, daß der Wirkungsgrad mit zunehmender Temperaturdifferenz $T_2 - T_1$ steigt; es ist auch ersichtlich, daß für den Fall $T_1 = 0$, das heißt, wenn die tiefere Temperatur beim absoluten Nullpunkt liegen würde, alle Wärme in mechanische Energie verwandelt werden könnte. Die obenstehende Formel ist eine weitere Ausdrucksweise für den 2. Hauptsatz, die etwa lautet: Es ist unmöglich, ohne eine Temperaturdiffe-

renz, das heißt, auf isothermem Wege, Wärme in mechanische Arbeit zu verwandeln. Eine Maschine, die das könnte, würde ein Perpetuum mobile 2. Art genannt werden. Es ist zu bemerken, daß ein Perpetuum mobile 2. Art dem 1. Hauptsatz nicht, wohl aber dem 2. widersprechen würde. Das Naturgesetz zeigt also, daß man bei der Erzeugung von mechanischer, beziehungsweise freier Energie mit einer Wärmekraftmaschine stets gezwungen ist, einen Teil der bei der höheren Temperatur zugeführten Wärme bei einer tieferen Temperatur wieder (als Wärme) abzuführen. Wenn dem nicht so wäre, könnte man zum Beispiel eine Schiffsmaschine bauen, die die im Ozean enthaltenen riesigen Wärmemengen ohne Temperaturdifferenz zum Antrieb des Schiffes verwenden würde. Eine solche Schiffsmaschine wäre ein Perpetuum mobile 2. Art, das wie gesagt dem 1. Hauptsatz nicht widersprechen würde.
Andere Überlegungen mit dem 2. Hauptsatz zeigen, daß es prinzipiell unmöglich ist, den absoluten Temperaturnullpunkt zu erreichen. Somit ist auch eine vollständige Umwandlung von Wärme in mechanische Energie mit einer Maschine, deren tiefere Temperatur beim absoluten Nullpunkt liegt, ausgeschlossen.
Wie schon gesagt weist die theoretische Carnot-Maschine den größtmöglichen Wirkungsgrad auf. Alle praktischen Wärmekraftmaschinen arbeiten mehr oder weniger irreversibel und haben daher einen geringeren Wirkungsgrad. Er liegt bei modernen Dampfturbinen in der Größenordnung 1/3. Die bei der tieferen Temperatur anfallende Wärme muß mit irgendeinem Kühlsystem weggeführt werden. Entsprechend der Definition der Entropie als Quotient aus Wärme und Temperatur vergrößert sich beim Betrieb thermischer Kraftwerke die Entropie der Umwelt, die, wie wir gesehen haben, mit keinem Mittel wieder aus der Welt geschafft werden kann. Da eine Entropiezunahme in den meisten Fällen eine Temperaturerhöhung der Umwelt bedeutet (bei thermischen Kraftwerken immer), kann aus diesem Grund bei der rasenden Vermehrung der Energieproduktion die Biosphäre durch eine Entropiebelastung schwer beschädigt werden. Denn alles Leben ist an strenge, seit Urzeiten herrschende Temperaturgrenzen gebunden.

Der Preis der technischen Energieproduktion wird durch eine weitere Tatsache noch erhöht: alle von den Kraftwerken meist in Form von Elektrizität (die vollständig in mechanische Energie umgewandelt werden kann) produzierte Energie wird im Verlaufe des Konsumationsprozesses der technokratischen Gesellschaft bis zum letzten Watt wieder in Wärme verwandelt. Das bedeutet, daß die gesamte technische Energieproduktion unserer Zivilisation als die Biosphäre belastende Entropie in der Welt zurückbleibt. Je mehr Energie, um so mehr Entropie. — Die Entropie ist der Preis der Energie, eine Hypothek, die mit keinem Mittel amortisiert werden kann.

Im Produktions-Konsumationsprozeß der modernen Industriegesellschaft stellt die Entropie eine Art von immateriellem Müll dar, der in den Gewässern und in der Atmosphäre unsichtbar immer höher steigt. Und es gibt kein Mittel, ihn abzubauen. Vor zehn Jahren war, wie wir gesehen haben, die technische Energieproduktion immerhin etwa 1/10 der biologisch erzeugten mechanischen Energie; heute dürfte der technische Anteil um ein Beträchtliches größer und der biologische um einen ähnlichen Teil kleiner sein. Die Reduktion biologischer Energie ist in manchen Fällen irreversibel, weil ausgerottete Lebewesen nicht mehr gemacht werden können. Mit zunehmender Geschwindigkeit wurden im Verlaufe der letzten dreihundert Jahre etwa hundert große Tierarten ausgerottet, die kleinen sind dabei nicht gezählt; gegenwärtig ist die gleiche Zahl großer Tierarten von der Ausrottung unmittelbar bedroht, die kleinen und die Pflanzen auch nicht gezählt.

Viele Wissenschaftler sehen in der Entropiezunahme wegen des Temperaturanstieges in der Atmosphäre und in den Gewässern eine Gefahr, die katastrophale Folgen haben könnte: durch Abschmelzen der polaren Eiskappen könnte der Meeresspiegel so hoch steigen, daß die Niederungen der Kontinente auf weiten Gebieten überflutet würden. Bei der technischen Energieproduktion gibt es gegen die Entropie kein Mittel, weil ihre Bildung durch ein Naturgesetz, den 2. Hauptsatz, bedingt ist. Es gibt nur ein Mittel: die rasende Zunahme der Energieproduktion sofort zu bremsen mit einer entsprechenden Kontrolle der Erdbevölkerung. Ansonsten werden wir, abgesehen von der chemischen Vergiftung der Umwelt, den von den positivistischen Physikern der Jahrhundertwende auf Millionen Jahre hinaus prophezeiten Wärmetod (Entropietod) der Welt schon um das Jahr 2000 sterben. Die angestellten Betrachtungen gelten selbstverständlich auch für Atomkraftwerke, weil sie thermische Kraftwerke (mit Atomheizung) sind und die von ihnen produzierte Elektrizität genau gleich wie andere Elektrizität am Schluß der Konsumation in Wärme verwandelt wird.

Was die Erzeugung von Energie durch Lebewesen betrifft, ist zu sagen, daß der 2. Hauptsatz, was die physikalisch-chemischen Prozesse der Lebensvorgänge betrifft, auch hier seine Gültigkeit haben wird. Es ist dies allerdings nur eine Annahme, weil ein experimenteller Nachweis wegen der physikalisch-chemischen Kompliziertheit der Lebewesen bis jetzt nicht möglich war und aller Wahrscheinlichkeit nach auch nicht möglich sein wird. Doch gibt es nichts, das gegen eine solche Annahme spricht. Allerdings reichen die physikalisch-chemischen Gesetze zu einem Verständnis des Phänomens Leben bei weitem nicht aus. So ist es zum Beispiel nicht möglich, ein wesentliches Merkmal aller Lebewesen, nämlich ihre werdende, seiende und vergehende Gestalt, mit Hilfe von physikalisch-chemischen Vorgängen zu erklären. Es soll bei dieser Gelegenheit betont werden, daß mehr oder weniger vage Hypothesen nicht den Rang einer wissenschaftlichen Erklärung haben.

Und doch unterscheidet sich die biologische Energieerzeugung ganz wesentlich von der Energieproduktion durch thermische Kraftwerke. In der Biosphäre spielen sich Materieumsatz und Energieerzeugung in Kreisläufen ab, die mit der eingestrahlten Sonnenenergie in einem Gleichgewicht stehen. Diese Kreisläufe und das Energiegleichgewicht sind so alt wie das Leben der Tiere und Pflanzen. Es könnte zum Beispiel der Kreislauf des Sauerstoffs in der Biosphäre genannt werden, der als kurze und stark vereinfachte Darstellung etwa folgendermaßen lautet: der in der Luft vorhandene Sauerstoff wird von den tierischen Lebewesen eingeatmet, gelangt, als Häminkomplex an die roten Blutkörperchen gebunden, zu den Stellen des Körpers, wo das chemische Potential des Sauerstoffs und der ebenfalls im Blut vorhandenen Nährstoffe in die vom

Lebewesen benötigten Energieformen verwandelt wird. Als ein Stoffwechselprodukt entsteht Kohlendioxyd, das beim Ausatmen an die Atmosphäre abgegeben wird. In den mit Chlorophyll belegten Chloroblasten der grünen Pflanzenzellen werden unter Aufnahme von Sonnenenergie aus dem Kohlendioxyd und Wasser unter Abspaltung von Sauerstoff Kohlenhydrate synthetisiert, die einen beachtlichen Teil der Nahrung tierischer Lebewesen darstellen. Der Sauerstoff gelangt wieder in die Luft, sein Kreislauf in der Biosphäre ist geschlossen. In analoger Weise kann der Kreislauf von zum Beispiel Kohlenstoff, Stickstoff, Schwefel oder Phosphor verfolgt werden. Eigentlicher Spender für die physikalischen Energien des Lebens in der natürlichen Biosphäre ist die Sonne, in deren Strahlungsfeld die Erde in einem Strahlungsgleichgewicht steht, so daß sich die Entropie des Biosphärenraumes über Zeitabschnitte von biologischer Relevanz kaum verändert. Bei der biologischen Energieerzeugung handelt es sich also um geschlossene Prozesse, die überdies in einem Strahlungsgleichgewicht von planetarischer Konstanz stehen.

Ganz anders verhält es sich bei den technischen Produktionsmethoden, die einem expandierenden Produktions-Konsumations-Geschäft unterworfen sind. Es handelt sich dabei ausnahmslos um offene Prozesse, an deren Anfang die Ausbeutung der (begrenzten) Rohstoffe steht und an deren Ende sich die Müllberge der industriellen Zivilisation häufen. Wie bereits gesehen, produzieren die thermischen Kraftwerke (also auch die Atomkraftwerke) Entropie als unsichtbaren, aber unheimlich sich stapelnden Müll. Kraftwerke, die mit Kohle oder Erdöl betrieben werden, brauchen überdies noch ungeheure Mengen an Sauerstoff (pro Liter Öl etwa 10'000 Liter Luft) und stoßen ihre giftigen Rauchgase in die Atmosphäre. Bis jetzt gibt es keine einzige Fabrik, die aus dem Kohlendioxyd der Kraftwerke wieder atembaren Sauerstoff macht. So ist nachgewiesen, daß auf dem Gebiet der USA von der Industrie viel mehr Sauerstoff gebraucht wird, als von den auf dem gleichen Gebiet stehenden Pflanzen wieder regeneriert werden kann. Das heißt, die USA leben von der Luft der industriell unterentwickelten Völker.

Im Prinzip könnten jene technischen Prozesse, welche materielle Güter produzieren, als geschlossene Kreisläufe betrieben werden; das heißt, der anfallende Müll könnte wieder als Rohstoff verwendet und zu neuen Fabrikaten verarbeitet werden. Allerdings wäre bei einer solchen Art von Industrie im Gegensatz zu den heutigen Ausbeutungs-, ja oft sogar Raubbauverfahren zur Gewinnung der Rohstoffe das Geschäft bedeutend kleiner. Jedoch ist es bei der Produktion von Energie durch thermische Kraftwerke aus prinzipiellen Gründen nicht möglich, das der produzierten Energie proportionale Ansteigen der Entropie in der Umwelt zu verhindern. Das heißt, daß es auf Grund eines Naturgesetzes, eben des 2. Hauptsatzes der Thermodynamik, nicht möglich ist, auf der Erde beliebig viel Energie zu produzieren. Die einzige Lösung, die der Menschheit bleibt, ist, das Wachstum der Industrialisierung so rasch als möglich einzuschränken. Wenn die Geschäftsleute es heute nicht tun, werden ihre Kinder durch biologische Katastrophen dazu gezwungen werden. Ich könnte mir vorstellen, daß auch Geschäftsleute ihre Kinder lieben; die großen und die kleinen — Geschäftsleute.

Pandorabüchsen der Wissenschaft

Es wäre fanatisch und daher falsch, grundsätzlich gegen den Bau und die Anwendung von Maschinen zu sein. Offensichtlich sind Hilfe und Segen, die dem Menschen durch die technischen Möglichkeiten zuteil werden. Mit Deutlichkeit weisen die Maschinen darauf hin, daß die Hände ebenso zum Menschsein gehören wie der Kopf. Die vom Geiste gelenkten Menschenhände haben aus den Urwäldern, Steppen und Wüsten all das geschaffen, was uns täglich umgibt. Die Gegebenheiten der Natur werden weniger beachtet. Selbst das Herz scheint ersetzbar geworden zu sein. Die menschliche Hand ist das Ur- und Universalwerkzeug. Sie ist jeder Maschine überlegen, weil letztlich jede Maschine ihr Produkt ist.

Mehr noch: die Hand ist etwas anderes als eine Maschine. Eine Maschine bedarf zu ihrem Entstehen des Baumaterials, Bauplans und Baumeisters. Es ist der Mensch, der das Baumaterial schafft, den Bauplan macht und als Baumeister waltet. Die Hand ist ein Teil der Ganzheit Mensch, der, wie jedes Lebewesen, aus sich selbst wird. Bauplan, Baumeister und Baumaterial sind in allen Lebewesen auf eine unerforschte Weise enthalten und verwoben.

Maschinen sind weder gut noch böse. Mit ihrem Bau und ihrer Anwendung muß kein Schaden für das Leben auf der Erde und für die Menschen verbunden sein. Eine solche Behauptung wäre sturer Fanatismus. Etwas anderes ist schlecht und böse: Maßlosigkeit und Hast bei der Anwendung technischer Möglichkeiten. Nie wieder gutzumachende Schäden sind die Folgen. Zur Steigerung des Geschäftes und der materiellen Macht werden die Maschinen in maßlosen Mengen und Größen hergestellt.

Die Rechnung, die uns für das maßlose Maschinengeschäft präsentiert wird, besteht in der Ausrottung von nahezu 100 Säugetier-

und Vogelarten und der unmittelbaren Bedrohung von 100 weiteren Tierarten, Amphibien, Reptilien und kleinere Tiere nicht mitgezählt. Die Schöpfung droht zu sterben. Durch die maßlos angewendete Maschine.

Maßlosigkeit ist immer gegen das Leben. Im Sinne Albert Schweitzers ist die maßlose Anwendung von Maschinen böse. Er sagt: „Gut ist, was das Leben und alles Lebendige achtet; böse, was das Leben gering schätzt." Dies gilt für alle Maschinen. Auch für die neueste, stärkste und größte: das Atomkraftwerk. Prinzipiell gegen den Bau von Atomkraftwerken zu sein wäre ebenso fanatisch und falsch wie eine Ablehnung von Maschinen überhaupt. Jedoch ist bei Atomkraftwerken in einem viel größeren Umfang Zurückhaltung und Besinnung am Platz als beim Bau von anderen Maschinen. Sowohl hinsichtlich Art als auch Menge weicht die von einem Atomkraftwerk in Freiheit gesetzte Energie von allen bisher gehandhabten Energieformen ab.

Bei Atomkernumwandlungen und radioaktiven Prozessen werden Energien frei, die millionenfach stärker sind als die Energien chemischer Prozesse, wie etwa die Verbrennung von Öl oder Kohle. Die bis hundertmillionenfach gesteigerten Energiemengen kommen deutlich in der schrecklichen Zerstörungskraft der Atombomben zum Ausdruck. Aber nicht nur die Menge, auch die Art der Energie steht allen bisher zur Anwendung gebrachten Energieformen völlig neu und fremd gegenüber. Wärme, Elektrizität, Licht, mechanische Arbeit und chemische Energie können in Lebewesen angetroffen werden. Ja sie werden von diesen sogar zur Aufrechterhaltung der Lebensprozesse benötigt oder stehen mit ihnen in Wechselwirkung.

Völlig anders verhält es sich bei der Kernenergie. In keinem Lebewesen tritt diese Energieform auf oder steht mit ihm in irgendeiner Beziehung. Der Grund ist die ungeheure Energiekonzentration. Millionenfach stärker im Vergleich zu den anderen sogenannten klassischen Energieformen wirkt die Kernenergie in Lebewesen immer zerstörend. Wie man sich die zerstörende Wirkung zu hoher Energiekonzentration vorzustellen hat, kommt am besten im Unterschied zum Ausdruck, wenn ein Ofen einmal mit Kohle und

das anderemal mit der gleichen Menge Dynamit geheizt wird. Die umgesetzte Energiemenge ist in beiden Fällen etwa gleich groß, jedoch ist die Energiekonzentration im zweiten Fall einige Millionen mal höher.
Mit den Atomkraftwerken verhält es sich ähnlich wie mit der Büchse der verführerischen Pandora. Wie im Hause des Epimetheus steht in einem Atomkraftwerk eine Büchse: das Reaktorgefäß. Ihr Inhalt ist nicht weniger gefährlich als Pandoras Übel: die radioaktiven Spaltprodukte. Sie entstehen als zum größten Teil unerwünschte Nebenprodukte bei der Kernspaltung des Urans zur Gewinnung von Atomenergie. Solange die Büchse geschlossen bleibt, ist alles in Ordnung. Wie jede Büchse kann auch ein Reaktorgefäß geöffnet werden. Auf verschiedene Weisen.
Gewollt und bewußt wird es geöffnet, wenn der verbrauchte Kernbrennstoff gegen neuen ausgetauscht werden muß. Bei planmäßigem Ablauf hat diese Öffnung keine Schäden zur Folge. Gefährlich bleibt sie in jedem Fall. Etwas Unvorhergesehenes, durch das die hochgiftigen, radioaktiven Spaltprodukte außer Kontrolle geraten, kann immer geschehen.
Ungewollt und ohne Kontrolle kann sich das Reaktorgefäß auf zwei Arten öffnen. Die eine Art liegt in der Natur aller bisher bekannten Büchsen und Gefäße: früher oder später werden sie leck. Es entstehen irgendwo ein oder mehrere größere oder kleinere Löcher, durch welche der Inhalt entweichen kann. Schlimmer als ein großes Loch sind viele kleine. Diese sind schwer zu finden. Trotz der Kleinheit vermögen genügend Spaltprodukte zu entweichen, um das Leben in der Umgebung zu gefährden. Die Spaltprodukte sind von einer so außerordentlichen Giftigkeit, daß kleinste Mengen ausreichen, um Krankheit, Siechtum und Tod zu bringen. Die Erfahrung zeigt, daß auch die modernste Technik etwas nicht kennt: absolut dichte Gefäße. Früher oder später werden alle Gefäße leck. Je komplizierter und größer ein Gefäß ist, um so schwieriger wird das Problem der Dichtigkeit. Reaktorgefäße sind groß und kompliziert.
Für die andere Öffnung des Gefäßes haben die Atomkraftwerkbauer einen Fachausdruck geschaffen, das GAU: „Größtange-

nommener Reaktorunfall". Selbstverständlich ist den Reaktorphysikern die Annahme über die Größe des Unfalles freigestellt. Es gibt solche, die eine Explosion des Kraftwerkes vorsichtshalber ausschließen. Aber ausgeschlossen ist eine Explosion nicht. Sie ist sehr unwahrscheinlich. Beim Eintreten der kleinen Wahrscheinlichkeit würde das Reaktorgefäß durch eine Explosion geöffnet. Steht das Kraftwerk in einer besiedelten Gegend, so wären die Folgen katastrophal. Die Größe der Katastrophe nimmt mit der Besiedlungsdichte zu.

Atomkraftwerke sollten unter keinen Umständen in besiedelten Gebieten gebaut werden. Weit weg von allen Häusern, Dörfern und Städten, müßte die Devise lauten. In Anbetracht der ungeheuerlichen Giftigkeit der radioaktiven Spaltprodukte sollten zur Abklärung der Fragen der Sicherheit noch jahrzehntelange Forschungsarbeiten geleistet werden.

Es müßten weit ab von allen Besiedlungen einige wenige Atomkraftwerke so lange betrieben werden, bis beispielsweise das scheinbar einfältige Problem der dichten Gefäße gelöst ist. Bis alle Korrosionserscheinungen unter Strahlenbelastung über Zeiträume von Generationen abgeklärt sind. Zur Lagerung der radioaktiven Spaltprodukte sind Gefäße erforderlich, die trotz ionisierender Strahlung und Wärmeentwicklung mehr als ein Jahrhundert dicht sein müssen. Ein solches Gefäß kennt man bis heute nicht. Wahrscheinlich sind die Probleme lösbar. Aber zu ihrer Lösung braucht es Zeit. Mit dem Bau von Atomkraftwerken sollte zurückgehalten werden, bis diese lebensentscheidenden Fragen abgeklärt sind.

Zurückhaltung ist ein schlechtes Geschäft. Das Geschäft scheint heute wichtiger zu sein als die Sicherheit von Leib und Leben. Mit Maßlosigkeit, hektischer Hast und Vorwitz werden Atomkraftwerke gebaut. Mitten in dicht besiedelten Wohngebieten. Mit Kinderspielplätzen ganz in der Nähe. Kilometer sind bei einem GAU keine Distanz. Die Atomgeschäftsleute machen ihre Geschäfte mit einem Risiko, dessen Preis Gesundheit und Leben von Menschen ist. Die Atomenergie darf unter keinen Umständen aus der Büchse entweichen. Noch haben sie keine Büchse, die sicher genug ist. Das Geschäft wird trotzdem gemacht. Es ist ein Riesengeschäft. Die meisten Riesengeschäfte werden um den Preis von Leben gemacht. Der Preis des Atomgeschäftes ist vielleicht das Leben derjenigen Menschen, die heute noch Kinder sind: im Mutterschoß, im Kindergarten oder auf der Schulbank. Kein Atomphysiker, Atomtechniker, Atomchemiker und Atomgeschäftsmann kann sagen, wie dicht die Pandorabüchsen der Wissenschaft sind.

Gegen Sabotage oder Gewalteinwirkungen gibt es überhaupt keine Sicherheit. Eine Maschine kann immer sabotiert werden; die Saboteure müssen ganz einfach ebenso intelligent oder intelligenter als die Konstrukteure sein. Eine Macht, die an der Sabotage von Atomkraftwerken interessiert ist, kann sich Saboteure von beachtlicher Intelligenz leisten. – Wenn man die Zeitungen liest, scheint Sabotage in zunehmendem Maße als politisches Druckmittel extremistischer Parteien betrachtet zu werden. Bereits waren große Brennstofflager ein Ziel ihrer Aktivität. Es ist anzunehmen, daß die Sabotage von Atomkraftwerken nur eine Frage der Zeit ist.

An die Folgen von Gewalteinwirkungen in einem Krieg darf man gar nicht denken. Der Feind bräuchte keine Atomwaffen einzusetzen – er müßte bloß die Atomkraftwerke in besiedelten Gegenden mit gewöhnlichen Bomben belegen, um das Land radioaktiv zu verseuchen und es für Jahre unbewohnbar zu machen. Staaten, die ihre Atomkraftwerke in besiedelten Gegenden bauen, offerieren einem allfälligen Feind Atomwaffen, ohne daß diesem der Vorwurf gemacht werden könnte, er habe Atomwaffen eingesetzt.

Erinnerungen an die Isotopentrennung

Die Trennung von stabilen Isotopen war während mehr als zehn Jahren mein Arbeitsgebiet. Es hatte mit meiner Doktorarbeit angefangen, als mir im Wintersemester 1952/53 der Vorsteher des physikalisch-chemischen Institutes der Universität Basel, Professor Werner Kuhn, die Aufgabe stellte, Untersuchungen an Destillationskolonnen mit extrem hohen Trennstufenzahlen durchzuführen.

Im Prinzip weisen alle isotopen Elemente und Verbindungen einen Unterschied im Dampfdruck auf, der eine Funktion der relativen Massendifferenz ist. Daher ist bei den leichten und mittelschweren Elementen, wie zum Beispiel Wasserstoff, Lithium, Kohlenstoff, Stickstoff, Sauerstoff oder auch noch Phosphor, Schwefel und Chlor, mit einem größeren Dampfdruckunterschied zu rechnen als beispielsweise bei den Verbindungen des für die Gewinnung von Atomenergie und die Herstellung von Atombomben so begehrten Urans 235.

Aber in jedem Fall sind die Dampfdruckunterschiede klein, so daß der bei einer partiellen Verdampfung auftretende Trenneffekt entsprechend vervielfacht werden muß, wenn eine Isotopentrennung von praktischer Bedeutung zustande gebracht werden soll. Als ein Maß für den Trenneffekt im Flüssigkeits-Dampf-Gleichgewicht kann ein Trennparameter δ etwa folgendermaßen definiert werden

$$\delta = ln \frac{P_1}{P_2}$$

Dabei bedeuten P_1 und P_2 die Dampfdrücke der reinen Isotopen beziehungsweise deren Verbindungen. So ist der Trennparameter δ, der eine Funktion der Temperatur ist, für das Isotopenpaar

H_2O/D_2O (leichtes und schweres Wasser) von der Größenordnung 10^{-2}, für die Gemische $H_2{}^{16}O/H_2{}^{18}O$ oder $^{12}CCl_4/^{13}CCl_4$ etwa 10^{-3} und zur Abtrennung des begehrten Urans 235 aus dem flüchtigen Hexafluoridgemisch $^{235}UF_6/^{238}UF_6$ nur 10^{-4} oder sogar noch weniger. Daher ist zur Gewinnung von schwerem Wasser durch Destillation von gewöhnlichem Wasser ein Apparat erforderlich, in welchem mehrere hundert Einzeldestillationen hintereinandergeschaltet werden. Zur Gewinnung von schwerem Sauerstoff oder Kohlenstoff sind mehr als tausend solcher Einzeldestillationen, die in der entsprechenden Apparatur als Trennstufen bezeichnet werden, erforderlich. Eine Trennstufenzahl von mehreren tausend ist erforderlich, wenn aus natürlichem Uran eine ^{235}U-Konzentration erreicht werden soll, die sich zum Bau einer Atombombe eignet. So war und ist eines der Hauptprobleme beim Bau von Atombomben die Trennung der Isotopen ^{235}U und ^{238}U. Der technische Aufwand ist wegen der enormen Trennstufenzahl ganz gewaltig. Bis jetzt wurde aus praktischen Gründen die Uranisotopentrennung nicht mit Hilfe eines Trenneffektes, der auf Destillation, sondern mit einem, der auf Diffusion beruht, verwirklicht.

Um die Stoffaustauschvorgänge, die sich in einer Destillationskolonne mit einer hohen Trennstufenzahl abspielen, bei Strömungs- und Diffusionsverhältnissen studieren zu können, die möglichst übersichtlich sind, schlug Werner Kuhn den Bau einer Kolonne mit vielen parallel geschalteten Rohren von möglichst kleinem Durchmesser und relativ großer Höhe vor. Der aus dem Siedegefäß aufsteigende Dampf von Tetrachlorkohlenstoff wurde am oberen Ende der Kolonne möglichst isotherm kondensiert, worauf die Substanz als dünner Film den Wänden der parallelen Rohre entlang wieder in das Siedegefäß zurückfloß. Dadurch wurde auf übersichtliche Weise der zur Vervielfachung des Einzeltrenneffektes erforderliche Gegenstrom zwischen Dampf und Flüssigkeit verwirklicht.

Der erwähnte Apparat bestand aus 300 parallel geschalteten Kupferrohren von 4 mm Innendurchmesser und einer wirksamen Länge von 6 Metern. Nach unseren Berechnungen hätte diese Destillationskolonne eine Anreicherung des Kohlenstoffisotops ^{13}C, das im Tetrachlorkohlenstoff aus Gründen der Infrarotwechselwirkung bei der verwendeten Destillationstemperatur von etwa 40° C interessanterweise leichter flüchtig ist als das Isotop ^{12}C, ergeben sollen, die einer Trennstufenzahl von wenigstens 1000 entsprochen hätte. In Wirklichkeit war es uns aber nur möglich, eine Trennstufenzahl von der Größenordnung 300 zu erreichen. Ein wesentlicher Grund für den Mißerfolg dieser Experimente lag in einer Tatsache, die so simpel ist, daß man zuerst gar nicht daran denkt: es war der Werkstätte des Institutes, in welcher acht qualifizierten Mechanikern modernste Werkzeuge und Maschinen zur Verfügung standen, nicht möglich, den Apparat so dicht zu bauen, wie es die experimentellen Bedingungen zur Erreichung der hohen Trennstufenzahlen erfordert hätten. An dieser Stelle möchte ich betonen, daß mit anderen Konstruktionen, die wir auch gebaut haben, selbstverständlich 1000 und mehr Trennstufen erreicht werden können. Die Anlage mit den leeren Röhrchen diente uns nicht für Produktionszwecke, sondern zum Studium der Stoffaustauschprozesse und dynamischen Gleichgewichte, die sich in Destillationskolonnen abspielen. Die erforderte Dichtigkeit gegen eindringende Luft (es wurde im Vakuum gearbeitet) war durch den Umstand bedingt, daß bei großen Trennstufenzahlen im Verhältnis zum Stoffdurchsatz nur sehr kleine Substanzmengen der Kolonne entnommen werden dürfen. Da bei einer Kolonne mit leeren Rohren der Durchsatz nicht groß gemacht werden kann, ist die pro Zeiteinheit erlaubte Entnahmemenge bei hohen Anreicherungen äußerst gering. Ist die durch undichte Stellen eindringende Luftmenge von der Größenordnung der erlaubten Entnahme, so wird das Experiment, das wegen der Einstellzeit des Trenngleichgewichtes einen über mehrere Wochen ununterbrochenen Betrieb der Anlage erfordert, gestört. Nach jahrelangen Bemühungen mußten wir einsehen, daß die immerhin beachtlichen technischen Mittel unseres Instituts nicht ausreichten, um den vorliegenden Apparat gegen das Eindringen von Luft so abzudichten, daß es für die geplanten Experimente hinreichend war. Im komplizierten Röhren-, Leitungs- und Ventilsystem eine undichte Stelle zu finden bedeutete auch mit moder-

nen Leakdetektoren jeweils einen großen Aufwand an Arbeit und Zeit.
Löcher in Gefäßen zu finden ist nach wie vor ein unerfreuliches technisches Problem. Für die Theorie einer Apparatur ist diese Tücke des Objektes gegenstandslos. Gefäße zu bauen, die über beliebig lange Zeit dicht sind, ist nach wie vor ein ungelöstes technisches Problem. Und zwar gilt die einfache Regel: je größer und komplizierter das Gefäß, um so schwieriger sind die Dichtungsprobleme und um so schwieriger sind vorhandene und entstandene Löcher zu finden. Auch ist ein großes Loch viel leichter zu finden als viele kleine. Wissenschaftlich gesehen beruht diese einfache Tatsache auf dem Gesetz von Hagen und Poiseuille

$$Q^{\cdot} = \frac{\pi r^4 \Delta p}{8 \eta l}$$

Dabei bedeuten $Q^{\cdot}$ die pro Zeiteinheit ausströmende Substanzmenge, r der Radius und l die Länge des Loches, Δp den Druckunterschied über dem Loch und η die Viskosität der Substanz (π ist die geometrische Zahl Pi). Bemerkenswert ist, wie aus der Formel hervorgeht, daß unter gleichbleibenden Bedingungen durch ein doppelt so großes Loch sechzehnmal mehr Substanz pro Zeiteinheit durchtritt. In diesem Verhalten, das auf einem Naturgesetz beruht, dürfte ein Teil der technischen Probleme zu suchen sein, die beim Bau von extrem dichten Gefäßen auftreten.
Zur Messung der Isotopenkonzentrationen in unseren Trennanlagen betrieben wir zwei Massenspektrometer. Damit der Untergrund der Massenspektren die Messungen nicht störte, war im Analysatorrohr ein Hochvakuum von etwa 10^{-7} mm Hg erforderlich. Diese Rohre hatten einen Durchmesser von ein paar Zentimetern und waren größenordnungsmäßig einen Meter lang, am einen Ende war die Ionenquelle und am anderen die Elektrometerelektrode zur Messung der Ionenstrahlstärke aufgeflanscht. Also ein kleines und relativ einfaches Gefäß. Die unangenehmste, um nicht zu sagen die gefürchtetste Störung an den Massenspektrometern war nicht eine Panne in den komplizierten elektronischen Systemen, sondern ein schlechtes Vakuum, das durch eine mikroskopisch kleine undichte

Stelle entstanden war. Ich erinnere mich, daß wir manchmal tagelang erfolglos suchten, obwohl bei einem Massenspektrometer die Lecksuche dadurch vereinfacht ist, weil das Instrument hoch empfindlich und spezifisch auf das Gas, zum Beispiel Wasserstoff oder Helium, anspricht, mit welchem Rohr und Vakuumanlage aus einer feinen Düse an den kritischen Stellen angeblasen wurde. Diese Hochvakuumanlagen unserer Massenspektrometer sind Beispiele für kleine, verhältnismäßig einfach konstruierte Gefäße, die meistens, aber nicht immer die von den Technikern erwartete und verlangte Dichtigkeit aufwiesen.

Mit einem gewissen Recht wird man sagen, daß es sich bei den genannten Beispielen um Experimentieranlagen handelte, die in einem Forschungsinstitut betrieben und gebaut wurden. Bei den Massenspektrometern handelte es sich allerdings um modernste Fabrikate amerikanischen Ursprungs. Aber auch großtechnische Anlagen, die ihrer Funktion entsprechend einen hohen Grad an Dichtigkeit aufweisen müssen, sind Leckpannen unterworfen. Auf diese Tatsache soll das folgende Beispiel hinweisen.

In den Jahren 1953 bis 1959 war ich unter der Leitung von Professor Werner Kuhn in Zusammenarbeit mit Kollegen mit Entwicklungsarbeiten für eine Anlage zur Gewinnung von schwerem Wasser beschäftigt. Unser Institut, das damals auf dem Gebiet der Isotopentrennung Weltruf genoß (Niels Bohr, der mit Werner Kuhn persönlich befreundet war, hatte mein Laboratorium besucht), erhielt seinerzeit von der schweizerischen Atomenergiekommission den Auftrag, eine für industrielle Zwecke brauchbare Anlage zur Produktion von schwerem Wasser zu entwickeln. In jenen Jahren war noch nicht abgeklärt, ob zum Bau von Atomkraftwerken Reaktoren mit natürlichem Uran und schwerem Wasser als Moderator oder solche mit an ^{235}U angereichertem Uran und gewöhnlichem Wasser wirtschaftlicher sind. Somit stand das schwere Wasser im Interessenkreis der Atomenergiekommissionen aller Länder. Auch heute, besonders in Kanada, werden noch Reaktoren mit schwerem Wasser und natürlichem Uran gebaut.

Unsere Entwicklungsarbeiten waren insofern erfolgreich, als die Anlage einer international bekannten schweizerischen Maschinenfabrik zum Bau im großtechnischen Maßstab übergeben werden konnte. Seither wurden Anlagen dieses Typs, Kuhn-Kolonnen genannt, in verschiedenen Ländern in Europa und Übersee von dieser Firma gebaut. Zur Zeit, wo die ersten Schwerwasseranlagen gebaut wurden, standen der Firma nicht genügend Ingenieure mit einer hinreichenden Erfahrung auf diesem Arbeitsgebiet zur Verfügung. So wurde ich gebeten, die Inbetriebsetzung einer solchen Anlage zu leiten, welche für das Centre d'Etudes Nucléaires de Saclay (bei Paris) der französischen Atomenergiekommission gebaut worden war. Die Kolonne war vorgesehen, um das schwere Wasser der im Centre betriebenen Forschungsreaktoren wieder aufzukonzentrieren, wenn es im Verlaufe des Betriebes (durch Undichtigkeiten) oder bei einem Unfall (!) mit gewöhnlichem Wasser vermischt wurde.

Bei der vorliegenden Apparatur handelte es sich um eine der kleineren Anlagen dieses Typs; die Kolonne selbst, das Herz der Anlage, hatte etwa einen Meter Durchmesser und war ungefähr zehn Meter hoch. Die Wärmeisolation dieses langgestreckten Zylinders enthielt ein Bündel aus parallelen Rohren, die mit hochwirksamen Füllkörpern zur Beschleunigung des Stoffaustausches beschickt waren. Jeder Teil der Anlage war ein Produkt der weltbekannten Qualitätsarbeit dieser schweizerischen Maschinenfabrik; die Montage wurde von ihren erfahrenen Monteuren durchgeführt. In Anbetracht dieser Voraussetzungen rechnete ich für die Inbetriebnahme der fertig montierten Anlage mit einem Zeitaufwand von etwa zwei Wochen. — Es wurden zwei Monate daraus.

Neben den vielen Kleinigkeiten, die erfahrungsgemäß bei einer Apparatur von solchem Umfang und solchem Kompliziertheitsgrad stets als zeitraubende Störungen auftreten, wurde ein beträchtlicher Teil des unerwarteten Arbeitsaufwandes durch Mängel verursacht, die auf undichte Stellen in der Anlage zurückzuführen waren. Und zwar auf solche, die von der Fabrikation herrührten, die bei der Montage entstanden waren oder die sich während der Probeläufe gebildet hatten.

Da in der betreffenden Anlage schweres Wasser aufbereitet wurde, das sich bereits als Moderator- und Kühlmedium in Atomreaktoren

befunden hatte, war die Dichtigkeit des Apparates nicht bloß eine technische, sondern auch eine gesundheitliche Bedingung. Denn dieses schwere Wasser enthielt das gefährliche radioaktive Wasserstoffisotop Tritium, das sich in den Atomreaktoren aus dem Deuterium durch Neutronenabsorption bildet. So kam es, daß wir während der Arbeiten an der Entnahmevorrichtung der Kolonne Sauerstoffkreislaufgeräte tragen mußten, um uns vor dem Einatmen von Tritiumwasserdampf zu schützen, der sich als ein überschweres Wasser zusammen mit dem schweren Wasser als schwerer flüchtige Komponente am unteren Kolonnenende, wo die Entnahmevorrichtung montiert war, anreicherte.
Trotz modernster technischer Mittel, die einer Weltfirma des Maschinen- und Apparatebaues zur Verfügung standen, hatten wir mit dem scheinbar simplen Problem des Vermeidens, Findens und Abdichtens kleiner Löcher die allergrößten Schwierigkeiten. Ich erinnere mich an manche schlaflose Nacht, die ich nur aus diesen Gründen in einem Hotelbett in Paris verbrachte. Es soll mit diesem Beispiel gezeigt werden, daß nicht bloß bei Laboratoriums- und Experimentierapparaturen die Probleme auftreten, die durch die Forderung eines dichten Gefäßes entstehen. Undichte Stellen, die als unvermeidliche Fehler beim Bau einer Apparatur entstehen, können durch verschiedene Prüfverfahren vor der Inbetriebsetzung gefunden werden. Jedoch ist es, wie die Erfahrung zeigt, nicht zu vermeiden, daß während des Betriebes einer Produktionsanlage früher oder später größere oder kleinere Leckstellen entstehen.
Es wäre mir möglich, den beschriebenen drei Beispielen eine große Zahl weiterer (persönlich erlebter) Beispiele für dieses technische Problem hinzuzufügen. Wie die Erfahrung zeigt, ist es nicht möglich, ein auf beliebige Zeit absolut dichtes Gefäß zu bauen. Die Wahrscheinlichkeit für das Auftreten eines Lecks wird um so größer, je größer und komplizierter das Gefäß ist, je höher die Anforderungen an die Dichtigkeit und die energetischen und chemischen Beanspruchungen sind und je länger der Zeitraum ist, über welchen das Gefäß die gestellten Bedingungen erfüllen muß. Daran sollte gedacht werden, wenn von absolut sicheren Atomkraftwerken gesprochen wird. Selbstverständlich wissen die Fachleute um diese

Tatsachen; man könnte die Frage stellen, warum sie in der Öffentlichkeit kaum darüber sprechen. — Kernreaktoren sind sehr große, komplizierte Gefäßsysteme, an welche wegen der Gefährlichkeit der radioaktiven Gifte ein außerordentlich hoher Grad an Dichtigkeit gestellt werden muß. Überdies ist die energetische und chemische Belastung wegen der ionisierenden Strahlung und der hohen Temperaturen, denen bestimmte Gefäßteile ausgesetzt sind, groß. Dazu kommt, daß von Reaktorsystemen erwartet wird, daß sie über Zeiträume dicht bleiben, die für technische Begriffe sehr lang sind, weil allfällige Reparaturen wegen der bei einem gefahrenen Reaktor nicht abschaltbaren Strahlung nur unter enormen Schwierigkeiten und Gefahren oder aber überhaupt nicht durchgeführt werden können.

Gefäße von der Größe und dem Grad an Kompliziertheit, wie sie für den Bau von Atomkraftwerken erforderlich sind, können nicht absolut dicht gebaut werden. Die Undichtigkeiten, die in Kauf genommen werden müssen, werden mit Wahrscheinlichkeiten über allfällige Gefahren in Rechnung gesetzt. Je größer und komplizierter die Gefäße sind, um so größer ist die Wahrscheinlichkeit für eine Schädigung des Lebens durch diese Gefahren. Es darf nicht vergessen werden, daß die Größe und Kompliziertheit der Reaktorgefäßsysteme auch mit der Zahl der Atomkraftwerke wächst, die in die Welt gesetzt werden.

Erfahrungstatsache: es ist beim gegenwärtigen Stand der Technik unmöglich, Gefäße von der Größe und Kompliziertheit zu bauen, wie sie bei Atomkraftwerken erforderlich sind, bei welchen eine für die Umwelt gefährliche Leckpanne ausgeschlossen ist.

Gift für Jahrhunderte

In der Physik sind die Gifte so gegenstandslos wie die Farben. Physiker beschäftigen sich ausschließlich mit Maschinen und ihren Effekten. Ob es sich dabei um wirkliche oder gedachte Maschinen handelt, ist prinzipiell unwesentlich. Am liebsten haben die Physiker die gedachten Maschinen, weil diese nicht mit den Tücken des Objektes behaftet sind und daher pannenfrei ablaufen. So handelt es sich beispielsweise bei Spektroskopen um wirkliche, bei Atomen und astronomischen Systemen um gedachte Maschinen. Weil Maschinen weder sehen, essen noch atmen, gibt es in der Physik keine Farben und Gifte. Physiker müssen darüber nichts wissen. Von diesem Recht machen sie meistens Gebrauch. Hin und wieder sind welche anzutreffen, die auf dieses Nichtwissen sogar stolz sind. Dieser Stolz beruht nicht auf Bescheidenheit, sondern auf der Überzeugung, daß physikalische Gesetze zum Verständnis der Welt ausreichend seien. Dort, wo Maschinen wichtiger als Lebewesen sind, können sie diese Überzeugung getrost nach Hause tragen.

Wenn die Physiker die Farben nicht beachten, so handeln sie in eigener Sache. Eine graue Welt sei ihnen nicht verwehrt. Etwas anderes sind die Gifte. Solange sie keine produzieren, ist ihr giftfreies Weltbild Geschmackssache. Die Produktion von Giften war bisher den Chemikern vorbehalten. Sie haben sich aus geschäftlichen Gründen an das Weltbild der Physiker angelehnt und so getan, als ob die Welt nur aus Maschinen bestünde. Die Betrachtungsweise offenbart sich zum Beispiel in den vergifteten Seen und Flüssen oder in der verpesteten Luft. Was die Chemie an Wissenschaft verlor, hat sie an Geschäft gewonnen. Heute ist die Chemie zur Hauptsache Geschäft. Man frage einen Direktor einer chemischen

Fabrik nicht, was Chemie ist. Professoren der Chemie sollte man besser auch nicht fragen, denn sie sind sehr beschäftigt.
Die Chemie als Wissenschaft stellt fest, daß die Chemie als Geschäft die Meere, die Luft und die Kontinente vergiftet. Die Chemie hat einen Januskopf: Geschäft und Wissenschaft. Ein Gesicht drängt sich vor. Es gleicht nicht Justus Liebig oder Robert Bunsen.
Die Zeiten, da die Gifte der Chemie gehörten, sind vorbei. Noch bis vor kurzem wurde die Energie zur Hauptsache mit Hilfe von chemischen Prozessen gewonnen: die Verbrennung von Kohle und Öl. Bei den Verbrennungsreaktionen entstehen neben der Wärmeenergie Reaktionsprodukte, die giftig sind. Als Gase läßt man sie in die Luft entweichen. Bei der unabsehbar zunehmenden Energieproduktion macht sich die Verpestung der Luft besonders in der Umgebung von Städten bemerkbar. Doch sind Großkraftwerke durchaus in der Lage, die Luft über Distanzen von mehreren hundert Kilometern zu vergiften. Die Abgase schottischer Kraftwerke beeinflussen nachgewiesenermaßen die Fischbestände in den Fjorden Norwegens. Und zwar durch die riesigen Mengen von Schwefeldioxyd, das beim Verbrennen von Erdöl gebildet wird.
Heute sind die Physiker in der Lage, Reaktionen durchzuführen, die millionenfach mehr Energie liefern, als die chemischen Reaktionen: die Atomkernspaltung. Auch die Kernspaltung liefert die Energie nicht ohne Hypothek. Das ist nur bei der biologisch erzeugten Energie möglich. Der Kern des Uranatoms zerfällt in Teile mit etwa halbem Gewicht. Ein kleiner Teil der Uranmasse wird bei der Spaltung in Energie verwandelt. So entstehen, wie bei der Verbrennung die Verbrennungsprodukte, bei der Kernspaltung die Spaltprodukte. Auch diese sind giftig. Und zwar in einer ganz besonderen Art. Ihre Giftigkeit hängt mit den ungeheuren Energien zusammen, die beim Zerfall von Atomkernen freiwerden. Es kann nicht gesagt werden, daß die Spaltprodukte millionenfach giftiger sind als chemische Gifte. Aber sie sind millionenfach heimtückischer.
Solange die Physiker die Uranspaltung im Laboratorium durchführen, sind die erzeugten Giftmengen so klein, daß sie die Angelegenheit als Privatsache betrachten können. Sie vergiften dabei

höchstens sich selbst oder ihre Laboranten und Mechaniker. In diesem Rahmen ist ihr Weltbild, in dem es weder Gifte noch Farben gibt, nach außen hin bloß eine Theorie. Denn es muß niemand in einem physikalischen Laboratorium arbeiten. Wenn aber die Physiker aus geschäftlichen Gründen, dem Vorbild der Chemiker folgend, ihre Atomspaltungen zwecks Energiegewinnung in großtechnischem Maßstab durchführen, so entstehen die giftigen Spaltprodukte in großen und gefährlichen Mengen. Und zwar in einer Welt, wo es nicht nur Maschinen, sondern auch Lebewesen gibt. In einer Welt, die sich von den physikalischen Theorien grundsätzlich unterscheidet und in der Gifte nicht gegenstandslos sind.

Das Weltbild der Physik ist in Hinsicht auf Farben und Gifte unverändert geblieben. Die Lebewesen reduzieren sich für den Physiker auf Zustände und Vorgänge, die mit physikalischen Instrumenten meßbar sind. Etwas anderes existiert in der Physik nicht. Das Wesentlichste und auch Sicherste des Lebendigen, die Innerlichkeit, ist physikalischen Instrumenten nicht zugänglich. Weil Erkenntnistheorie bei einem modernen Naturwissenschaftsstudium etwa so betrieben wird wie die Hygiene im Mittelalter, sind viele Physiker der Ansicht, daß Zustände und Erscheinungen, die sich mit physikalischen Instrumenten nicht messen lassen, nicht existieren. Die Mechanik einer Ohrfeige kann genauestens ausgemessen werden. Sie ist aber nicht das Wesen der Ohrfeige. Sonst könnten sich Maschinen ohrfeigen. Ein Vorgang, der auch in den modernsten Laboratorien von den Physikern persönlich ausgeführt werden muß.

Grundsätzlich werden Atomkraftwerke von Physikern gebaut. Sie, wie die Ingenieure, die ihnen mit technischen Mitteln an die Hand gehen, verstehen nichts von Biologie. Das kann auch nicht erwartet werden. Sie haben sich während ihrer Studien- und Berufsarbeit mit Maschinen und nicht mit Lebewesen auseinandergesetzt. Das merkt man, wenn man mit ihnen spricht. Niemand kann gezwungen werden, sich für ein Pferd zu interessieren, wenn er ein Auto vernünftiger findet.

Seit Atomkraftwerke gebaut werden, haben die Physiker und ihre Ingenieure nicht mehr das gute Recht, so zu tun, als ob sie in einer

Welt lebten, wo es keine Gifte und Farben gibt. Sie bauen ihre Atomkraftwerke in eine Welt, wo Menschen, Tiere und Pflanzen leben. Sie produzieren die unheimlichsten Gifte, die je gemacht wurden: die Spaltprodukte. Deren Giftigkeit ist von einer Heimtücke, die die raffiniertesten chemischen Gifte bei weitem übertrifft.

Spaltprodukte sind Abfallstoffe. Als solche werden sie behandelt und bezeichnet: Atommüll. Was das anbetrifft, haben die Physiker von den Chemikern gelernt. Etwas, das selten vorkommt, da sich die Physik als die Königin der Wissenschaften betrachtet. Abfallstoffe werden irgendwie weggeschoben. In die Luft, in die Seen, Flüsse oder Meere. Das sind die Kehrichteimer der Industrie. Gerne würden es die Physiker den Chemikern nachtun. Aber sie können nicht. — Ihre Gifte sind zu giftig.

In den Lehrbüchern der Atomreaktortheorie heißt es: „Eine der wichtigsten Eigenschaften der Spaltprodukte ist ihre Radioaktivität." Darin liegt die außerordentliche und heimtückische Giftigkeit. Ihre Atome sind nicht stabil, sondern zerfallen nach einer unabänderlichen Zwangsläufigkeit unter Ausstrahlung von Energie. Diese Energie ist millionenfach größer als die Energie, die von den gleichen Atomen bei einer chemischen Reaktion umgesetzt wird. Ein einziges solches Atom, das in einer Zelle eines Lebewesens zerfällt, wirkt für diese Zelle wie eine Sprengladung. Sie wird schwer geschädigt. Wenn diese Zelle eine Samen- oder Eizelle ist, so wird das daraus entstehende Leben verkrüppelt geboren. Die Heimtücke dieser Giftwirkung wird durch die mangelhafte Erfahrung noch unheimlicher. Diese Gifte sind der Menschheit kaum eine Generation lang bekannt. Es ist deshalb unmöglich, etwas über die Dosis auszusagen, bei der eine radioaktive Substanz als Gift zu wirken beginnt. Vermutlich ist die Dosis weit mehr als bei andern Giften nur statistisch angebbar, da bereits ein einziges Atom Erbschäden verursachen kann. Auch bei geringen Wahrscheinlichkeiten werden immer menschliche Schicksale getroffen. Etwas, das bei der Anwendung von statistischen Methoden auf Menschen nie vergessen werden sollte.

Die giftigsten chemischen Stoffe gehören in den Bereich der orga-

nischen Chemie. Es ist deshalb möglich, sie durch Verbrennen zu vernichten. Im Gegensatz dazu kann die Giftigkeit der radioaktiven Substanzen durch kein Verfahren aus der Welt geschafft werden. Ihre Giftigkeit beruht auf dem Zerfall der Atomkerne. Dieser Zerfall ist sowenig zu verhindern wie der Tod eines Menschen. Nach einem unabänderlichen Gesetz, dessen Ursache unbekannt ist, zerfallen die Atome der Spaltprodukte und senden dabei ihre tödliche Strahlung aus. Die allfällige chemische Giftigkeit der Spaltprodukte ist neben der radioaktiven Wirkung bedeutungslos.
Von ihrem giftfreien Weltbild aus versuchen die Physiker und Ingenieure das Problem der giftigsten Gifte der Welt, die vor einem halben Menschenalter noch unbekannt waren, zu lösen. Das Schlimmste dabei ist, daß sie es schon gelöst haben. Die rasche Bewältigung des Problemes war ihnen möglich, weil sie weder Biologen noch Ärzte um Rat gefragt haben. Somit können die Atomgeschäftsleute mit Genugtuung und Befriedigung feststellen, daß Atomkraftwerke ungefährlich sind. Am liebsten beweisen sie die Gefahrlosigkeit damit, daß sie die Atomkraftwerke inmitten von dichtbesiedelten Gebieten bauen.
Im Interesse des Geschäftes wurde das Problem der radioaktiven Gifte vom Weltbild der Physik her gelöst. Da ist alles meßbar. Mit Ausnahme des Lebens. Wenn Biologen und Ärzte beigezogen worden wären, müßte auf die Lösung der Probleme noch lange gewartet werden. Das Geschäft wäre in Frage gestellt. Die Biologen raten immer wieder zur Zurückhaltung. Jahrzehnte dauernde Untersuchungen wollen sie anstellen. Mit einigen wenigen Atomkraftwerken fernab von aller Besiedlung. Um die biologischen Folgen und die Dosen der radioaktiven Gifte abklären zu können, müßten die Lebewesen über Generationen beobachtet werden. Und zwar nicht nur Ratten und Fliegen. So beurteilen die Biologen die Probleme der Atomkraftwerke von einem Weltbild her, in dem es Leben, Gifte und Farben gibt. Sie lehnen die Atomkraft nicht grundsätzlich ab. Aber sie raten dringend und beschwörend zur Zurückhaltung, bis die Fragen der Sicherheit abgeklärt sind. Fragen, die für das Leben Sein oder Nichtsein bedeuten können.

Die Atomgeschäftsleute fragen: „Wer soll das bezahlen? " Da sie der Ansicht sind, daß sie genügend investiert haben, sind sie auch der Ansicht, daß das Problem mit den radioaktiven Giften hinreichend gelöst sei. Ein Standpunkt, der aus der Sicht des Geschäftsmannes verständlich ist. Das Geschäft soll jetzt und nicht in 50 Jahren gemacht werden. So lange müßte man wenigstens warten, bis die biologischen Fragen in ihrer ganzen Tragweite abgeklärt sind. Wenn die Physiker und Ingenieure sagen, die physikalischen und technischen Probleme der Atomkraftwerke seien gelöst, so mag das stimmen. Wenn sie aber sagen, die biologischen Probleme seien gelöst, so stimmt dies sicher nicht. Lebewesen können nicht, wie Maschinen, gemacht werden. Lebewesen werden, sind und vergehen; sie wachsen. Wachstum braucht Zeit. Da der Mensch zu den Lebewesen gehört, die im Fragenkreis der Atomkraftwerke stehen, sollten die biologischen und nicht die ökonomischen und technischen Fragen entscheidend sein. Interessanterweise sind bei den Atomkraftwerkprojekten wenig Biologen und Ärzte zu finden. Die wenigen stehen in einem ganz bestimmten Sold und reden nach einem ganz bestimmten Mund.
Warum haben es die Atomgeschäftsleute so eilig? Warum sind ihnen 50 Jahre eine zu lange Zeit? Sie hasten, als ob die Welt in 50 Jahren abgelaufen sei. Ihr Gefühl könnte richtig sein, wenn die Atomkraftwerke ihren Geschäftsinteressen entsprechend gebaut werden. In diesen Fabriken entstehen Gifte, die ihre heimtückische Wirksamkeit Jahrhunderte beibehalten. Es gibt Spaltprodukte, deren radioaktive Zerfallszeit so groß ist, daß sie noch nach Hunderten von Jahren alles Leben vergiften, das mit ihnen in Berührung kommt.
Das Problem haben die Atomgeschäftsleute wie folgt gelöst: man schließe die radioaktiven Spaltprodukte in Gefäße ein, die absolut dicht sind. Das klingt einfach und sicher. Aber die Lösung hat einen Haken, besser müßte man sagen Löcher. Trotz aller technischen Fortschritte gibt es etwas noch nicht: ein Gefäß, das jahrhundertelang absolut dicht ist. Kein Ingenieur könnte die Garantie übernehmen, ein Gefäß zu bauen, das, mit hochradioaktiven Substanzen beschickt, fünfzig, hundert oder gar mehrere hundert Jahre

dicht ist. So dichte Gefäße müssen wir haben, wenn die kommenden Generationen durch unsere radioaktiven Abfälle nicht mit Siechtum und Tod bedroht werden sollen. Es soll hier nicht angenommen werden, daß die Atommülltonnen der bereits bestehenden Kernkraftwerke den Garantiestempel „après nous le déluge" tragen.

Bevor Atomkraftwerke im großen Maßstab errichtet werden, sollten die Ingenieure in der Lage sein, ein Faß zu bauen, das, wenn es zur Zeit Galileo Galileis vergraben worden wäre, heute noch so dicht wie eine Konservendose sein müßte.

Besonders unheimlich ist das neben den Spaltprodukten im Atomreaktor entstehende Metall Plutonium. Es ist so giftig, daß die Menge, die in einem Stück von der Größe eines Tennisballs enthalten ist, ausreichen würde, um bei allen Menschen, die auf der Erde leben, Lungenkrebs zu erzeugen. Plutonium kommt, wie auch die radioaktiven Spaltprodukte, in der Natur nicht vor. Es hat eine Halbwertzeit von 24 000 Jahren. Das heißt, daß nach 24 000 Jahren erst die Hälfte dieses von den Menschen erzeugten Giftes durch radioaktiven Zerfall wieder verschwunden sein wird.

Die Frage der Dosis

Wenn man die Leute auf der Straße fragen würde, welche Namen von Giften sie kennen, so würden wahrscheinlich Arsenik, Blausäure, Strychnin oder Zyankali zu den am häufigsten genannten gehören. Zu einem nicht kleinen Teil dürften diese Kenntnisse auf der Unkenntnis beruhen, welche die meisten Autoren von Kriminalromanen auf dem Gebiet der Toxikologie haben. Immerhin, wenn sich die genannten Substanzen auch für die Durchführung eines raffinierten Giftmordes schlecht eignen, so sind sie doch starke Gifte.

Arsenik, ein weißes, in Wasser schwer lösliches Pulver, hat in der chemischen Nomenklatur entsprechend seiner Formel As_2O_3 die Bezeichnung Arsentrioxyd. Die tödliche Dosis wird bei Säugetieren mit etwa 15 mg/kg Lebendgewicht angegeben. Das heißt, daß man einen Menschen, der in dieser Hinsicht zu den Säugetieren gezählt wird, mit etwa einem Gramm Arsenik, was ungefähr einer Messerspitze entspricht, tödlich vergiften könnte. Andererseits weiß die Medizin, daß geringe Dosen von Arsenik als Heilmittel verwendet werden können. So regen kleine Arsenmengen bei Anämie zur Blutbildung an und können als Kräftigungsmittel wirken. Beispielsweise wird die Heilquelle von Dürkheim wegen ihres Arsengehaltes bleichsüchtigen Kindern verordnet.

Blausäure hat die Formel HCN und wird vom Chemiker Zyanwasserstoff genannt. Die Substanz ist eine farblose, leicht bewegliche Flüssigkeit, die schon bei 26°C siedet; sie wird wegen des tiefen Siedepunktes oft als ein Gas beschrieben, von welchem ein einziger Atemzug sofort tödlich wirkt. Die letale Dosis ist in der Tat sehr niedrig, sie wird für einen erwachsenen Menschen mit 50 mg angegeben. Beim Molekulargewicht von 27 der Blausäure enhält ein

Liter Dampf etwa 1 g des Giftes, so daß mit einem einzigen Atemzug tatsächlich ein Mehrfaches der letalen Dosis eingeatmet werden kann. Die enorme Giftwirkung beruht auf einer augenblicklichen Stillegung der Zellatmungsvorgänge durch Bildung von Fe-III-Cyankomplexen, welche die Fe-III-Cytochrom-Oxydase des gelben Atmungsfermentes blockieren.
Was das Strychnin anbelangt, so handelt es sich dabei um eine Substanz, die in das Gebiet der organischen Chemie gehört. Die Einteilung der Chemie in die Hälften anorganische und organische Chemie stammt aus der Zeit des Anfangs des letzten Jahrhunderts, wo man der Ansicht war, daß gewisse chemische Substanzen nur unter Mitwirkung von Organen der Lebewesen synthetisiert werden könnten. Da diese Substanzen stets die Elemente Kohlenstoff, Wasserstoff und Sauerstoff und sehr oft auch noch Stickstoff (seltener Schwefel oder Phosphor) enthalten, zählt man die Verbindungen solcher Art zur organischen Chemie, auch wenn sie künstlich, das heißt im Laboratorium, synthetisiert wurden. Beim Strychnin handelt es sich um ein sogenanntes Alkaloid, das aus Strychnospflanzen extrahiert werden kann. Die Summenformel, die allerdings nichts über die komplizierte Struktur der Moleküle dieser Verbindung aussagt, lautet $C_{21}H_{22}N_2O_2$. Strychnin bildet sowohl als freie Base wie auch als Chlorid, Nitrat oder Sulfat schöne, farblose Kristalle. Die letale Dosis wird ähnlich wie bei der Blausäure mit etwa 50 mg angegeben. Durch das Gift wird die Reflextätigkeit des Rückenmarkes derart erhöht, daß in der ganzen quergestreiften Muskulatur ein Starrkrampf eintritt. Bei kleinen Dosen, zum Beispiel 1—2 mg, kann eine Verschärfung der Sinneswahrnehmungen festgestellt werden. Die Tetanuswirkung des Strychnins wirkt in abgeschwächter Form als Stimulans, so daß das Alkaloid in der Medizin als entsprechendes Medikament Verwendung findet.
Das ebenfalls als „populäres" Gift bekannte Zyankali ist nichts anderes als das Kaliumsalz der Blausäure; die Substanz verhält sich daher hinsichtlich Dosis und Giftwirkung sehr ähnlich. Sie ist vielleicht etwas weniger gefährlich, weil das Salz nicht wie die freie Säure leicht flüchtig ist und so nicht schon durch Einatmen zu einer

tödlichen Vergiftung führen kann. Vom Aussehen her besteht Zyankali (oder Kaliumcyanid) aus kleinen, weißen Kristallen, etwa wie Kochsalz.
In der Natur und im chemischen Laboratorium gibt es aber viel stärkere Gifte, als die soeben genannten. Zum Beispiel das Curare, das von südamerikanischen Indianern als Pfeilgift verwendet wird. Curare ist ein Gemisch aus mehreren Dutzend Alkaloiden, das als ein Extrakt aus der Rinde der Strychnospflanze Strychnos toxifera gewonnen werden kann. Einige der Alkaloide des Curare können bereits in so winzigen Mengen wie etwa 30 Gamma (1 Gamma entspricht 1/1'000'000 Gramm) tödlich wirken, wenn sie direkt in die Blutbahn gelangen, was zum Beispiel bei einer Pfeilwunde der Fall ist. Curarealkaloide wirken, etwa im Gegensatz zum Strychnin, lähmend auf die quergestreifte Muskulatur, weil in den Endplatten der motorischen Nerven die Reizleitung unterbrochen wird. Diese Eigenschaft des Giftes macht sich die Medizin zunutze, indem entsprechend kleine Dosen von zum Beispiel α-Tubocurarinchlorid (eines der Curarealkaloide) bei Strychninvergiftungen, die ja einen Tetanus zur Folge haben, zur Lösung der Muskelstarre (als „Gegengift", wie man sagt) verordnet werden. Auch in der Anästhesiologie ist diese Substanz bei geeigneter Dosierung ein wertvolles Hilfsmittel.
Zu den stärksten künstlichen, das heißt, im Laboratorium hergestellten Giften gehören die sogenannten Nervengase. Bei dieser Stoffgruppe handelt es sich meist um Ester einer fluorierten Phosphorsäure. Die Substanzen sind von einer außerordentlichen Giftigkeit; die letalen Dosen werden mit weniger als 1 mg für einen erwachsenen Menschen angegeben. Ihre geradezu schreckliche Gefährlichkeit beruht neben der winzigen letalen Dosis auf dem relativ niedrigen Siedepunkt dieser Stoffe, so daß sie sich leicht verflüchtigen und ihre Dämpfe als Atemgift, eben als Nervengas, wirken. Die enorme Giftwirkung dieser Nervengase beruht darauf, daß das lebenswichtige Ferment Cholinesterase durch Komplexbildung mit der Phosphatgruppe in seiner biologischen Funktion blockiert wird, und zwar in einer außerordentlich spezifischen Weise, so daß schon geringste Mengen tödlich wirken. Die Gifte

wurden während des Zweiten Weltkrieges in großen Mengen als chemische Kampfstoffe fabriziert; bekanntlich gelangten sie nicht zur Anwendung. Eines der giftigsten dieser Nervengase ist das sogenannte Soman, ein Deckname für die chemische Substanz 1-Methyl-2-trimethyläthoxy-methyl-fluorphosphat.

Was mit den vorausgegangenen Betrachtungen gezeigt werden soll, ist folgendes: Unter einem Gift versteht man offensichtlich eine chemische Substanz, die, wenn sie in unseren Körper gelangt, in verhältnismäßig kleinen Mengen die physiologischen Prozesse dermaßen stört, daß eine schwere Erkrankung oder sogar der Tod eintritt. Unter einer kleinen Menge wird eine Stoffquantität verstanden, die im Vergleich mit der Größe des menschlichen Körpers sehr klein ist; also, wie die genannten Zahlen zeigen, eine Masse, die etwa 100'000- bis 1'000'000'000mal kleiner als unsere Körpermasse ist. Was auch deutlich zum Ausdruck gebracht wurde, ist die Tatsache, daß jede Giftwirkung eine Frage der Dosis des Giftes ist. So gibt es für manche Gifte Dosen, in welchen sie nicht als ein Gift, sondern sogar als ein Medikament wirken. Somit besteht also die Notwendigkeit, bei einem Gift nicht nur die Substanz, sondern auch die Dosis zu nennen, die mindestens in den Körper eintreten muß, damit eine Giftwirkung festgestellt werden kann.

Wenn die Sache so betrachtet wird, müßte man viele Stoffe als Gifte bezeichnen, die im täglichen Leben, ja sogar in der Küche gebraucht werden. So könnte beispielsweise Kochsalz genannt werden, das, in Mengen von der Größenordnung 100 bis 200 Gramm eingenommen, zu so schweren Nierenschädigungen führen kann, daß ohne ärztliche Hilfe der Tod eintreten könnte. So ist es beispielsweise Veterinären bekannt, daß während der Fleischrationierung im Krieg von Bauern Kochsalz dann als Gift verwendet wurde, wenn sie die Notschlachtung eines Schweines erzwingen wollten, und zwar so, daß der Tierarzt die Notwendigkeit der Schlachtung wegen Nierenkolik bescheinigen konnte. Obwohl es auch für Kochsalz eine letale Dosis gibt, wird diese Substanz, die in der Bibel das Salz des Lebens genannt wird, selbstverständlich nicht zu den Giften gezählt. Der Grund ist sicher darin zu suchen, daß die giftige Dosis im Verhältnis zu unserem Körpergewicht nicht mehr als sehr klein bezeichnet werden kann. Oder mit anderen Worten: hundert Gramm Salz kann niemandem in die Suppe gestreut werden, ohne daß er es merkt.

In Anbetracht der Evidenz dieser Verhältnisse ist es erstaunlich, daß in der Schweiz ein leitender Beamter, der mit der Würde eines Doktors seine Hochschulstudien abgeschlossen hat und jetzt seine Kenntnisse für die Sicherheit von Atomkraftwerken zur Verfügung stellt, auf dem Bauplatz eines Atomkraftwerkes anläßlich eines Orientierungsvortrages für Parlamentarier unter Verwendung des Dosisbegriffes das „Gift" Kochsalz mit radioaktiven Giften verglich. Er machte darauf aufmerksam, daß man bei genügend hoher Dosis jede Substanz als ein Gift bezeichnen könne. Die logische Schlußfolgerung, die er aus dieser Tatsache zog und den Parlamentariern nicht vorenthielt, war, daß man nicht nur Atomkraftwerken, sondern zum Beispiel auch Salinen vorwerfen könnte, daß sie Gifte produzieren. Ich könnte mir vorstellen, daß für diejenigen Parlamentarier, die von Chemie und Physik nichts verstehen (was man von einem Politiker auch nicht verlangen kann), dieser Vergleich eines Fachmannes, der von den Behörden mit den Fragen der Sicherheit von Atomkraftwerken betraut wurde, eine tiefgreifende Beruhigung bedeutete.

Wenn die Sache nicht so ernst wäre, könnte man diesen Kochsalzvergleich als einen „wissenschaftlichen" Witz betrachten. Aber der „Witz" wurde ja zum Zwecke einer Beruhigung von Leuten gemacht, die von den Problemen keine Ahnung haben. Der Vergleich wird durch die Tatsache, daß sich chemische Gifte und Substanzen, die aufgrund ihrer Radioaktivität giftig sind, überhaupt nicht miteinander vergleichen lassen, noch schiefer. Und wenn solche Vorträge vor Parlamentariern gehalten werden, müßte man Darstellungen dieser Art eigentlich als demagogisch bezeichnen.

Für alle chemischen Gifte gibt es Verfahren, mit welchen sie aus der Welt geschafft, beziehungsweise vernichtet werden können. Für radioaktive Gifte gilt das nicht; einmal erzeugt, bleiben sie aus prinzipiellen Gründen so lange in der Welt, bis sie durch den Vorgang, von dem ihre Bezeichnung herrührt, den radioaktiven Zerfall, in stabile Elemente verwandelt worden sind. Der radioaktive Zer-

fall ist ein spontaner Prozeß, dessen Geschwindigkeit durch kein der Wissenschaft bekanntes Mittel beeinflußt werden kann. (Jedenfalls nicht unter Energiezuständen der Materie, die terrestrischen Bedingungen entsprechen.) Das heißt, die beim Kernspaltungsprozeß entstandenen radioaktiven Spaltprodukte sind einfach da, und den Menschen bleibt nichts anderes übrig, als zu warten, bis sie durch den mit keinem Mittel beeinflußbaren Zerfall verschwunden sind; eine Wartezeit, die Jahrhunderte dauern kann.
Um ein anorganisches Gift zu vernichten, gibt es verschiedene Möglichkeiten. Ist die Substanz aufgrund ihrer molekularen Struktur giftig, so kann mit ihr irgendeine chemische Reaktion durchgeführt werden, deren Reaktionsprodukte ungiftig sind. Auch wenn es Fälle gibt, die einen gewissen technischen und somit finanziellen Aufwand erfordern, sind solche Reaktionen prinzipiell immer durchführbar. So können die Blausäure oder das Zyankali ganz einfach durch starkes Erhitzen in einer Sauerstoffatmosphäre, zum Beispiel in Luft, in völlig harmlose Substanzen verwandelt werden. Die entsprechenden Reaktionsgleichungen lauten etwa

$$2\,HCN + 2^1/_2\,O_2 \Rightarrow H_2O + 2\,CO_2 + N_2$$
$$2\,KCN + 2^1/_2\,O_2 \Rightarrow K_2CO_3 + CO_2 + N_2$$

Es entstehen also ungiftige Stoffe wie Wasser, Kohlendioxyd, Stickstoff und Kaliumkarbonat (Pottasche). Wenn es sich um anorganische Gifte handelt, deren Giftcharakter von einem an sich giftigen chemischen Element herrührt, wie zum Beispiel beim Arsenik, so ist es stets möglich, das giftige Element in Form einer schwerlöslichen Verbindung oder eines Komplexes unschädlich zu machen. Denn eine Substanz kann nur dann als chemisches Gift physiologisch wirksam sein, wenn sie entweder in den Körpersäften mit einer toxischen Konzentration löslich ist oder wenn die als Gift wirkenden Ionen frei zur Verfügung stehen und nicht durch Komplexbildner abgeschirmt sind.
Die giftigsten chemischen Gifte gehören in das Gebiet der organischen Chemie; sie sind aus diesem Grunde denkbar einfach zu vernichten: nämlich durch einfaches Verbrennen. Ihre Giftigkeit beruht nicht auf den Elementen, aus welchen sie bestehen (zur

Hauptsache Kohlenstoff, Wasserstoff, Sauerstoff und Stickstoff), sondern auf der Struktur ihrer Moleküle, welche beim Verbrennen zerstört wird. So lautet die Reaktionsgleichung für die Verbrennung von Strychnin

$$C_{21}H_{22}N_2O_2 + 25^1/_2O_2 \Rightarrow 21CO_2 + 11H_2O + N_2$$

Es entstehen also die drei völlig harmlosen Stoffe Wasser, Kohlendioxyd und Stickstoff. Man könnte natürlich die Logik des Atomenergiebeamten weiterspinnen und sagen, Wasser sei im Prinzip auch ein Gift, weil man darin ertrinken kann.
Die Giftigkeit der radioaktiven Isotopen, die sich aus dem nuklearen „Brennstoff" im Reaktor eines Atomkraftwerkes bei der Kernspaltung bilden, beruht auf einem ganz anderen Prinzip als die Wirkung chemischer Gifte. Unabhängig davon, ob das chemische Element, zu welchem das Radioisotop gehört, ein chemisches Gift ist oder nicht, ist das Radioisotop stets ein außerordentlich gefährliches Gift. Also auch Radioisotopen von Elementen, aus welchen unser Körper aufgebaut ist, sind radioaktive Gifte. Diese Tatsache verstärkt die Gefahr einer radioaktiven Vergiftung deshalb, weil unser Körper bei seinen Aufbau- und Stoffwechselprozessen nicht zwischen den natürlichen Elementen und ihren künstlich hergestellten, giftigen Radioisotopen zu unterscheiden vermag. Solche Radioisotopen werden vom Körper gewissermaßen stellvertretend für die natürlichen Elemente eingebaut.
Da die Giftwirkung radioaktiver Isotopen auf einem anderen Vorgang als die chemische Giftwirkung beruht, haben die Fachleute für diese Art von Giften einen anderen Ausdruck vorgeschlagen: nämlich das Wort Kontamination, das etwa mit Verunreinigung übersetzt werden könnte. Das Fremdwort klingt auch in der Übersetzung harmloser als das altbekannte Wort Gift. Immerhin, es besteht dafür eine wissenschaftliche Begründung, nämlich folgende: die radioaktive Giftwirkung beruht auf ungeheuer großen Energien, die im Bereich molekularer Dimensionen freiwerden und für die Moleküle in der Umgebung des radioaktiv zerfallenden Atoms zerstörend wirken. Um eine vergleichende Zahl zu nennen, kann gesagt werden, daß die beim radioaktiven Zerfall eines Atomkerns

freiwerdenden Energien millionenfach größer sind als die bei einer chemischen Umwandlung eines Moleküls umgesetzten Energien. Diese Tatsache wird beispielsweise bei der Atombombe offenbar, wo eine bestimmte Menge Kernsprengstoff millionenfach stärker wirkt als die gleiche Menge chemischer oder, wie man so schön sagt, klassischer Sprengstoff (Dynamit, Trinitrotoluol). Wenn der radioaktive Zerfall eines einzigen Atomes in einem Zellkern stattfindet, so wird die Zelle dabei schwer geschädigt. Wenn die Zelle zufälligerweise eine Samen- oder Eizelle ist, so kann allfällig daraus gezeugtes Leben von diesem einzigen Atom tiefgreifend geschädigt werden. In dieser Tatsache liegt der folgenschwere Unterschied zwischen einem chemischen und einem radioaktiven Gift. Es gibt kein chemisches Gift, das so stark wäre, daß ein einziges Atom davon so schwerwiegende Folgen haben könnte. Die Angabe einer zulässigen Dosis ist bei Radioisotopen daher äußerst problematisch. Daß die Befürworter von Atomkraftwerken trotzdem Dosen angeben, schafft das Problem nicht aus der Welt. Ich möchte an dieser Stelle noch einmal an den Kochsalzvergleich des Sicherheitsbeamten erinnern.

Eine signifikante Größe bei radioaktiven Isotopen ist ihre sogenannte Halbwertzeit. Die Physiker verstehen darunter diejenige Zeit, die verstreichen muß, bis die Hälfte eines ins Auge gefaßten Radioisotops zerfallen ist. Wie bereits gesagt, ist dieser Zerfall spontan und kann nicht beeinflußt werden. Über die Ursache des radioaktiven Zerfalls weiß die Wissenschaft soviel wie nichts. Die Summe der Massen der ausgestrahlten Teilchen und des verbleibenden Atomkerns ist stets kleiner als die Kernmasse des Radioisotops. Dieser Massendefekt Δm wird gemäß dem aus der Relativitätstheorie von Albert Einstein hervorgehenden Massen-Energieäquivalent

$$\Delta E = \Delta m c^2$$

in die Strahlungsenergie ΔE verwandelt. Weil die ungeheuer große Lichtgeschwindigkeit c ($3 \cdot 10^8$ m sec^{-1}) im Quadrat eingeht, entsprechen kleinen Massen gewaltige Energien. Diese Tatsache könnte als eine Erklärung für die außerordentliche Gefährlichkeit

der radioaktiven Gifte betrachtet werden, die ja eigentlich in der beim Zerfall emittierten hochenergetischen Strahlung besteht.
Zur Definition der Halbwertzeit kann der radioaktive Zerfall als eine Reaktion von ideal erster Ordnung betrachtet werden. Solange die Zahl der radioaktiven Atome noch sehr groß ist, kann die Zerfallsrate durch die Differentialgleichung

$$-\frac{dN}{dt} = kN$$

beschrieben werden. Dabei bedeutet N die Anzahl Atome, t die Zeit und k eine dem betrachteten Radioisotop eigene Zerfallskonstante, die von nichts abhängig, das heißt, durch nichts beeinflußbar ist. Die Differentialgleichung ist nach einer Variablenseparation ohne weiteres zwischen den Grenzen O und t integrierbar und ergibt

$$N = N_0 e^{-kt}$$

N_0 sind die bei einer willkürlich gewählten Anfangszeit O vorliegenden Atome und N die Atome, die noch vorliegen, wenn die Zeit t verstrichen ist. Wird $N=N_0/2$ gesetzt, so entspricht t der Zeit, die verstreichen muß, bis die Hälfte der am Anfang des Experimentes vorgelegten Atome radioaktiv zerfallen sind. Die Rechnung ergibt

$$e^{k\tau} = 2 \Rightarrow \tau = \frac{ln 2}{k}$$

Das Resultat zeigt, daß die Halbwertzeit τ nur von der unbeeinflußbaren Zerfallskonstanten k, nicht aber von der Menge an radioaktiver Substanz abhängig ist. Die Halbwertzeiten der im Reaktor eines Atomkraftwerkes entstehenden radioaktiven Spaltprodukte liegen zwischen Bruchteilen von Sekunden und Hunderten von Jahren. Das heißt, die Atomgeschäftsleute müßten in der Lage sein, ihre als Atommüll bezeichneten Spaltprodukte in garantiert jahrhundertelang dichten Gefäßen an einem sicheren Ort aufzubewahren.

Flüsse und Seen

Die Frage, ob die Kräfte der Technik zum Segen oder zum Fluch der Menschheit gereichen, ob sie das auf der Erde beheimatete Leben fördern oder vernichten, ist eine Frage des Maßes. Jede Maschine kann sinnvoll oder maßlos angewendet werden. Das haben ihre Erbauer, die Menschen, in der Hand. In der Natur gibt es keine Maschinen. Es ist möglich, mit Automobilen Transportprobleme zu erleichtern. Es ist aber auch möglich, ganze Städte und Länder mit einer maßlosen Automobilflut zu ersticken und zu vergiften. Das Fernsehen könnte als sinnvolles und weltverbindendes Nachrichtenmittel eingesetzt werden. Der gleiche Apparat wird zur geistigen Guillotine, wenn familienweise stundenlang auf den blauflimmernden Schirm gestarrt wird.

Jede Maschine, beziehungsweise der Mensch, der sie baut und anwendet, ist ein Janus. Das böse Gesicht ist um so gefährlicher, je größer und stärker die Maschine. Die Atomkraftwerke gehören zu den stärksten Maschinen. Gewaltige, aber auch ungeheure Kräfte brüten in ihren Kernreaktoren. Maß und Zurückhaltung müßten großgeschrieben sein. Das böse Gesicht dieses Janus wird bei maßloser und gieriger Anwendung Flüche ausspeien, die den Menschen unbekannt sind. Die Kräfte eines Atomkraftwerkes sind gegenüber althergebrachten Maschinen millionenfach größer. Entsprechend wird bei Gier und Maßlosigkeit der Fluch millionenfach vernichtender sein.

Kein Verbot, sondern Maß und Zurückhaltung sollen für den Bau von Atomkraftwerken ausgesprochen werden. Die dringende Mahnung, die außergewöhnlichen und zum Teil unbekannten Gefahren zu überdenken.

Für Chemiker und Physiker gibt es nur ein Wasser. Es ist dies das

Wasser, das mit einem Reagenzglas aus Flüssen, Seen und Meeren als Probe entnommen werden kann. Im Laboratorium wird die Wasserprobe so lange gereinigt, bis das Wasser der Chemie und Physik vorliegt. Dies hat ganz bestimmte physikalisch-chemische Eigenschaften, die genau meßbar sind: Dampfdruck, Schmelz- und Siedepunkt, Oberflächenspannung, Viskosität, Leitfähigkeit für Wärme und Elektrizität, elektromagnetische Absorptionseigenschaften. Noch viele andere Eigenschaften, die in den Bereich der physikalisch-chemischen Betrachtungsweise fallen, könnten aufgezählt werden. Ob das Wasser dem Rhein, dem Amazonas, dem Atlantik oder Pazifik entnommen wurde, spielt dabei keine Rolle. Die Wissenschaft kennt nur ein Wasser: das Wasser, das mit Hilfe von physikalisch-chemischen Instrumenten gemessen werden kann.

Die Eigenschaften der Wasser, die beispielsweise Amazonas, Rhein, Atlantischer oder Pazifischer Ozean heißen, können mit Instrumenten nicht gemessen werden. Sie sind daher für Chemiker, Physiker und Ingenieure uninteressant oder wenigstens gegenstandslos. Jedenfalls in Hinsicht auf ihre berufliche Aktivität. Ihnen ist nur ein Wasser bekannt, das in allen Flüssen, Seen und Meeren dasselbe ist. Um Spitzfindigkeiten Genüge zu tun: die Wissenschaft kennt seit neuerer Zeit verschiedene Wässer, weil Wasserstoff und Sauerstoff mit Atomen von verschiedenen Atomgewichten auftreten können. Deshalb kennt die physikalische Chemie schwerere und leichtere Wässer. Für uns sind diese Unterschiede bei weitem nicht so groß wie die Unterschiede zwischen dem Amazonas und dem Rhein oder dem Mittelmeer und der Ostsee.

Solange die Chemiker und Physiker mit ihrem Einheitswasser ausschließlich im Laboratorium manipulieren, machen sich die Mängel ihrer Betrachtungsweise nicht bemerkbar. Auch schadet die beschränkte Anschauung nicht. Werden aber Flüsse, Seen oder Meere so behandelt, als ob es sich nur um physikalisch-chemische Systeme handle, so geschieht etwas, das dem Wasser im Laboratorium nicht widerfahren kann: die Flüsse, Seen und Meere sterben. Im Gegensatz zum Wasser der Chemiker und Physiker bergen die Gewässer der Erde eine Fülle von Leben. Dies ist mit physikalisch-chemischen Gesetzen nicht erfaßbar. Wer kann die Wesen alle beim Namen nennen? Fische, Amphibien, die gewaltige Mannigfaltigkeit der „Wasseratmer" und auch Säuger leben in den Wassern. Vögel schweben darüber, und die Landtiere kommen an ihre Ufer. Auch den Urtierchen, deren Pracht unter dem Mikroskop einst den wissenschaftsgläubigen Haeckel zu Begeisterungsausbrüchen hinreißen ließ, sind die Gewässer der Erde Heimat.

Die Gewässer sterben, wenn bei technischen Eingriffen nicht berücksichtigt wird, daß ein Teil von ihrem Wesen Leben ist. Die Gesetze der Chemie und Physik, von den Ingenieuren zum Bau ihrer Maschinen genutzt, stehen dem Lebendigen beziehungslos gegenüber. Wenn das Wasser der Chemiker und Physiker als Mittel zur Behandlung von Flüssen und Seen verwendet wird, so nehmen diese langsam, doch sicher die Eigenschaften des Behandlungsmittels an. Was in den Laboratorien Glasröhren, sind in der Landschaft Betonschalen, und bald werden Flüsse und Seen so tot sein wie das Wasser im Reagenzglas. So tot, aber nicht so sauber. Viele von ihnen sind bereits gestorben. Man riecht ihre Verwesung. Die Zivilisation verlangt aus hygienischen Gründen, daß sie in Tunneln und Dolen begraben werden. Wer in eine dieser stinkenden Finsternisse hinuntersteigt, würde nicht glauben, daß die rauschende Brühe einst ein Fluß war, der durch erlenglitzernde Auen floß und in dessen kristallklarem Wasser Forellen spielten.

Die Chemiker und Physiker haben ihr Einheitswasser aus den Laboratorien in die Welt getragen, in der wir leben und in der es viele Wasser gibt. Tausende von Formen nimmt es hier an: Ozeane, Sturmeswellen, Regen, brandende Gischt, Quellen, geheimnisvolle Nebel, Wiesenbäche, Kongo und Rhein. Unerforschte Wasserströme durchpressen unterirdisch weite Täler. Solche Vielfalt kann mit dem physikalisch-chemischen Wasser nicht erfaßt werden. Zwängt man den Wassern der Erde meßbare Eigenschaften auf, so müssen sie in betonierten Kloaken sterben und stinken. Wenn im Reagenzglas Wasser um 2 Grad Celsius erwärmt wird, so handelt es sich dabei um einen Vorgang, der keine Konsequenzen hat. Erfährt ein Fluß, Strom oder See die gleiche Temperaturerhöhung, so wird sein Leben tiefgreifend gestört. Die zwischen den Lebewesen herrschenden Beziehungen, das biologische Gleichgewicht, kann durch eine solche Veränderung, die im Laboratorium durch eine Verschiebung einer Quecksilbersäule um 2 Millimeter angezeigt wird, bis auf den Grundgehalt erschüttert werden. Was im Reagenzglas bedeutungslos, kann in der Natur mit weittragenden Konsequenzen behaftet sein.

Das wissen die Chemiker, Physiker und Ingenieure nicht. Sie verstehen nichts von Biologie, Ökologie und biologischen Gleichgewichten. Das gehört nicht zu ihrer Ausbildung. Bildung ist bei einem modernen Naturwissenschaftsstudium selten anzutreffen, weil sie Zeit braucht. Sie verwenden die Flüsse und Seen als Kühlwasser für ihre Atomkraftwerke. Da nur etwa ein Drittel der Atomenergie in Elektrizität verwandelt werden kann, müssen die restlichen zwei Drittel als Wärme abgeführt werden. Dieser Umstand ist prinzipieller Art, da er auf einem Naturgesetz beruht. Er ist bei allen Kraftwerken anzutreffen, welche aus Wärme Elektrizität produzieren. Atomkraftwerke sind besonders groß und geben viel Wärme ab. Die Flüsse und Seen erwärmen sich so stark, daß ihr biologisches Gleichgewicht gestört wird. Die Atomingenieure wissen das nicht. Sie verstehen nichts von Biologie. Daß sie hin und wieder darüber sprechen, ändert nichts an der Tatsache. Hin und wieder gibt es Leute, die über etwas sprechen, von dem sie nichts verstehen.

Weil die Atomingenieure nichts von Biologie verstehen, geben sie die Erwärmung immer in Zahlen an und weisen darauf hin, daß diese klein sind. Ein halbes Grad, oder höchstens etwas mehr als ein Grad. Da sie während ihres Studiums Wichtigeres zu tun hatten, denken sie nicht daran, daß die gleiche Temperaturerhöhung in ihrem eigenen Körper Fieber genannt wird. Man sollte erwarten können, daß sie auf Biologen hören, die sagen, daß die Erscheinungen des Lebens nicht mit Zahlen angebbar sind. Daß die Folgen der Erwärmung eines Flusses oder Sees sowenig berechnet werden können wie die Folgen eines Fiebers. Auch wenn die Temperaturerhöhung, gemessen mit den Thermometern der Physik, noch so klein ist.

Für ein Lebewesen kann eine Temperaturerhöhung, die im physikalisch-chemischen Laboratorium zum Mißlingen eines Experimentes führt, nichts bedeuten. Umgekehrt können Bruchteile eines Celsiusgrades ein biologisches Gleichgewicht außer Rand und Band bringen. Die Maßstäbe der Physik und des Lebens sind miteinander nicht vergleichbar. Inkommensurabel, wie der Fachausdruck lautet. Wenn die Atomingenieure ihre Kraftwerke mit dem Wasser der Flüsse und Seen kühlen und behaupten, 0,6 oder 1,2 Grad seien wenig, so wenden sie die Maßstäbe der Chemie und Physik auf das Leben an. Die Beziehungslosigkeit zwischen den Gesetzen des Lebens und den Gesetzen der Physik bedeutet nicht, daß bei der Anwendung physikalischer Werkzeuge auf das Lebendige keine Folgen eintreten. Im Gegenteil. Linus Pauling, der amerikanische Nobelpreisträger für Chemie und für Frieden, sagt: „Das Leben ist dasjenige, das im Reagenzglas verschwindet."

Sauerstoff

Das gasförmige chemische Element Sauerstoff, aus welchem die Luft zu etwa einem Fünftel besteht, erhielt seinen Namen vom Vater der modernen Chemie, wie der französische Gelehrte Antoine Laurent Lavoisier oftmals genannt wird. Er war der Ansicht, daß dieses Element für den Charakter jener Verbindungen verantwortlich sei, die man zu der Stoffklasse der Säuren zählt. Er hat ihm daher die Bezeichnung „oxygène" gegeben, die er vom griechischen Wort „oxys" für scharf, sauer herleitete. Die von ihm begründete moderne Chemie weiß heute, daß es viele sauerstofffreie Säuren gibt, so daß der Säurebegriff längst anders definiert wurde. Die Wissenschaftler werden sehr menschlich, wenn sie insgeheim oder öffentlich den Wunsch zum Ausdruck bringen, daß sie eine von ihnen formulierte Definition gerne als endgültig sehen möchten.
Immerhin, eine Feststellung Lavoisiers, der ein Beamter der Regierung Ludwigs XVI. gewesen und in diesem Zusammenhang während der Französischen Revolution auf dem Schafott gestorben ist, hat ihre Gültigkeit bis zum heutigen Tag behalten: bei der Atmung der Lebewesen spielt der Sauerstoff eine grundlegende Rolle. Von den vielen Kreisläufen der Biosphäre gehört der Kreislauf des Sauerstoffs zum elementaren Schulwissen; ohne Sauerstoff kein Leben auf der Erde und — im Wasser.
Im Wasser ist der Sauerstoff auf zwei grundsätzlich verschiedene Arten enthalten: nämlich als chemische Verbindung der Formel H_2O und in Form des freien Elementes O_2, das durch den Kontakt zwischen Luft und Wasser, wie er in der Natur auf die mannigfaltigsten Weisen zustande kommt, als Gas im Wasser gelöst wird. Für die Atmung der Lebewesen im Wasser ist der gelöste und nicht der

chemisch gebundene Sauerstoff maßgebend. Die Lösung eines Gases in einer flüssigen Phase wird durch das Henrysche Gesetz

$$m = k p$$

beschrieben. Dabei bedeuten m die Masse an gelöstem Gas in einem bestimmten Volumen Lösungsmittel, k die Konstante für das Lösungsgleichgewicht und p den Partialdruck des Gases, mit welchem die Lösung im Gleichgewicht steht. So ist der Partialdruck des Sauerstoffs in der Luft auf Meereshöhe ungefähr der fünfte Teil einer Atmosphäre. Als Gleichgewichtskonstante ist k eine Funktion der Temperatur, die als Differentialgleichung folgendermaßen geschrieben werden kann:

$$\frac{d\,ln\,k}{dT} = \frac{\Delta H}{R T^2}$$

Dabei bedeuten T die absolute Temperatur, R die universelle Gaskonstante und ΔH die molare Lösungsenthalpie, welche für den Lösungsvorgang von Gasen in Flüssigkeiten unter Berücksichtigung der Vorzeichendefinition in der Thermodynamik negativ ist. Aus diesem Grunde wird die Löslichkeitskonstante k mit zunehmender Temperatur kleiner, was heißt, daß ein warmes Lösungsmittel weniger gelöstes Gas enthalten kann als ein kaltes. Die folgenden Zahlen zeigen dieses Verhalten deutlich für das System Wasser/Sauerstoff. In der Tabelle bedeuten t die Temperatur in Grad Celsius und m die Menge O_2 in Gramm, welche sich in 1 Kilogramm Wasser lösen, wenn die Summe aus dem Sauerstoffpartialdruck über dem Wasser und dem Sättigungsdampfdruck des Wassers stets 760 mm Hg ist.

t	°C	0	10	20	30	40
m	g	0,0649	0,0536	0,0433	0,0358	0,0308

Da der Sauerstoffpartialdruck in der Luft nur etwa ein Fünftel von dem für diese Zahlen geltenden Wert ist, sind, entsprechend dem Henryschen Gesetz, auch die gelösten Sauerstoffmengen um diesen Betrag kleiner, wenn das Wasser statt mit reinem Sauerstoff mit Luft im Lösungsgleichgewicht steht.
In den natürlichen Gewässern entsprechen die Konzentrationen des

gelösten Sauerstoffs und der anderen, ebenfalls aus der Luft stammenden Gase (hauptsächlich noch Stickstoff, Kohlendioxyd und Edelgase) dem an der Oberfläche herrschenden, von der Temperatur abhängigen, durch das Henrysche Gesetz beschriebenen Lösungsgleichgewicht. Das heißt, daß die Konzentration der gelösten Gase auch in den größten Tiefen gleich ist wie an der Oberfläche. So wird zum Beispiel im mehr als 10'000 Meter tiefen Marianengraben, wo auf dem Meeresgrund ein hydrostatischer Druck von über 1000 Atmosphären herrscht, keine höhere Konzentration an gelöstem Sauerstoff gemessen als an der Meeresoberfläche. Die Lebewesen im Wasser sind auf diesen gelösten Sauerstoff angewiesen, weil sie, wie alle Lebewesen, atmen müssen. Eine Verkleinerung der Sauerstoffkonzentration behindert den Atmungsprozeß. Daher werden die biologischen Gleichgewichte von Gewässern tiefgreifend gestört, wenn ihr natürlicher Sauerstoffgehalt durch irgendwelche Eingriffe verkleinert wird. Das kann zum Beispiel durch Einleiten von Abwässern geschehen, die Substanzen enthalten, welche freien Sauerstoff durch oxydativen Abbau verbrauchen. Das sind beispielsweise Fäkalien von Menschen und Tieren oder auch Abfallprodukte der Zivilisation und Industrie. Die Abwasserfachleute haben für die Messung der zivilisationsbedingten Belastung der Gewässer, die sich neben anderem auch durch die Abnahme der Sauerstoffkonzentration bemerkbar macht, den Begriff „Einwohnergleichwert" geschaffen. Ein Einwohnergleichwert würde einer mittleren Gewässerbelastung entsprechen, die ein Einwohner einer modernen Stadt durch seine Abwässer verursacht. So ist es zum Beispiel möglich, daß eine Fabrik, in welcher nur 100 Leute arbeiten, durch ihre Abwässer eine Gewässerbelastung erzeugt, welche beispielsweise 100'000 Einwohnergleichwerten entspricht.
Wie das Henrysche Gesetz und die Temperaturabhängigkeit der Lösungsgleichgewichtskonstanten k zeigen, wird der Sauerstoffgehalt des Wassers durch eine Temperaturerhöhung erniedrigt. Das heißt, daß die Erwärmung eines Gewässers einer Belastung gleichkommt, die für das Leben, welches der betreffende Fluß oder See birgt, eine schwere Schädigung bedeuten kann.
So kommt es, daß der Sauerstoffverlust eines Stromes, dessen Was-

ser zur Kühlung der Wärmekraftmaschinen eines thermischen Kraftwerkes (also auch eines Atomkraftwerkes) mittlerer Größe verwendet wird, durch die Temperaturerhöhung bedingt, einer Gewässerbelastung von größenordnungsmäßig 200'000 Einwohnergleichwerten entspricht. Diese gewaltige Belastung überrascht um so mehr, als die den Schaden verursachende Temperaturerhöhung (zahlenmäßig gesehen) klein ist: nämlich bloß etwa 1 Grad Celsius.
Diese (auf dem Thermometer) kleine Zahl ist ein Hinweis auf die Feinheit biologischer und ökologischer Gleichgewichte, die zum größten Teil unerforscht und deren Schädigungen meist irreversibel sind. Solche Tatsachen sollten eigentlich eine Mahnung für die Techniker und Ingenieure sein, die mit ihren Maschinen tiefe Eingriffe in die Natur machen. Die Lebewesen sind sehr an die Gegebenheiten der Natur gebunden, aus welchen sie allerdings die erstaunlichsten Gestalten, Zustände und Vorgänge zu erzeugen vermögen. Aber eben: stets ausgehend von den in der Natur seit gewaltigen Zeiträumen herrschenden Bedingungen. Eine Leistung, die den Techniker zu erstaunen vermag, ist beispielsweise die Gaskompression im Rete mirabile der Schwimmblase von Tiefseefischen. Es ist klar, daß die Schwimmblase eines Fisches, der beispielsweise in einer Tiefe von 1000 Metern lebt, mit Gasen gefüllt sein muß, die einen Druck von rund 100 Atmosphären aufweisen. Obwohl die Zusammensetzung des Gasgemisches bei den verschiedenen Fischsorten variiert, bestehen die Schwimmblasenfüllungen zur Hauptsache aus einem Stickstoff-Sauerstoff-Gemisch, das heißt aus einem luftähnlichen Gas. Im kapillaren Gegenstromsystem des Rete mirabile werden die im Wasser vorhandenen, dem Luftdruck an der Oberfläche entsprechenden Gaskonzentrationen tatsächlich auf Konzentrationen erhöht, die einem Gleichgewichtsdruck von hundert und mehr Atmosphären entsprechen. Dieser Kompressionsmechanismus, der immerhin der Leistung einer beachtlichen Maschine entspricht, wurde vor etwa zehn Jahren in unserem Institut von Werner Kuhn und Mitarbeitern theoretisch und experimentell bewiesen. — Ausgehend von den Gegebenheiten der Natur, sind die Lebewesen zu gewaltigen Leistungen fähig. Werden aber die Umweltsbedingungen (im technischen Sinne) nur gering-

fügig verändert, so kann das zum Aussterben der Lebewesen führen.
In unserem industriellen Zeitalter wird so getan, als ob die Luft und der in ihr enthaltene lebenswichtige Sauerstoff in unbeschränkten Mengen vorhanden wäre. Die tatsächlich vorhandene Menge an Luftsauerstoff läßt sich auf einfache Weise berechnen. Für die Abhängigkeit der Luftdichte von der Höhe gilt unter der vereinfachenden Annahme einer isothermischen Atmosphäre die barometrische Höhenformel

$$\rho = \rho_o e^{-\frac{Mgh}{RT}}$$

Dabei bedeuten ρ die Luftdichte in der Höhe h, ρ_0 die Luftdichte auf Meereshöhe, M das Molekulargewicht der Luft, g die (konstant angenommene) Erdbeschleunigung, R die universelle Gaskonstante, T die absolute Temperatur und h die Höhe über Meer. Das folgende Integral ergibt eine recht gute Abschätzung der über einer Oberflächeneinheit der Erde ruhenden Luftmasse

$$m = F \int_0^\infty \rho_o e^{-\frac{Mgh}{RT}} dh$$

In dem zwischen O und unendlich genommenen Integral bedeutet F eine Flächeneinheit (zum Beispiel 1 m^2) der horizontalen Erdoberfläche, auf welcher eine durch die barometrische Höhenformel beschriebene Luftsäule lastet. Die Lösung des Integrals ergibt eine Masse, die einer Flüssigkeitsschicht von der Dichte 1 und etwa 10 Meter Tiefe entspricht. Oder anschaulich dargestellt: wenn sich alle Luft der Erde verflüssigen würde, so entstünde eine Schicht flüssiger Luft, die die (horizontal gedachte) Erdoberfläche mit einer Mächtigkeit von 10 Metern umhüllen könnte. Von dieser Schicht bestünde aber nur ein Fünftel aus dem lebensnotwendigen Sauerstoff; also, verglichen mit der Größe der Erde, eine hauchdünne Haut.
Wenn man diesen flüssig gedachten Sauerstoff (O_2 verflüssigt sich unter Normaldruck bei -183° C) mit einer Flüssigkeit vergleicht, die heute eine gewaltige wirtschaftliche (und daher politische und mili-

tärische) Bedeutung hat, so könnte man das Gruseln lernen: das Erdöl. Immer entdecken die Geologen neue Erdölvorkommen; es gibt kein Naturgesetz, das ausschließen würde, daß es in der Erde so viel Petroleum gibt, daß dieses ausreicht, um allen Sauerstoff in der Luft beim Verbrennen zu verbrauchen. Diese zwei Meter dicke Sauerstoffschicht ist alles, was wir haben. Eigentlich müßten die Geologen für jede Erdölquelle eine Sauerstoffquelle finden; aber Sauerstoffquellen in diesem Sinne gibt es nicht. Unsere Sauerstoffquelle ist das Pflanzenkleid der Erde, das durch die maßlose Anwendung technischer Möglichkeiten mit zunehmender Geschwindigkeit vernichtet wird.

Ein Liter Benzin braucht beim Verbrennen (zum Beispiel im Automotor) etwa 11'000 Liter Luft. Ein Mensch braucht zum Atmen im Tag ungefähr 10'000 Liter Luft. Jedoch besteht zwischen den beiden Verbrauchern ein gewaltiger Unterschied: das Auto verbraucht den Sauerstoff der angesaugten Luft vollständig und stößt giftige Auspuffgase aus. Der Mensch braucht nur einen Teil des mit der Luft eingeatmeten Sauerstoffs, und die von ihm ausgeschiedenen Stoffwechselprodukte werden vollständig in den Kreislauf der Biosphäre aufgenommen.

Messungen, die während der letzten sechs Jahrzehnte gemacht wurden, zeigen, daß der Kohlensäuregehalt der Luft durch den industriellen Verbrauch von Sauerstoff um 30 % gestiegen ist; und zwar nicht nur dort, wo der Herr Direktor seine Schornsteine rauchen läßt, nein, auch dort, wo der Herr Direktor wohnt, und sogar dort, wo er seine Jagd hat — also auf der ganzen, weiten Welt. Nachdenklich sollte es jeden stimmen, der die folgenden Zahlen liest:

Bis etwa zur Mitte der dreißiger Jahre unseres Jahrhunderts wurde, seit es Menschen gibt, die erste Hälfte der bis heute geförderten Kohle verbraucht; die zweite Hälfte in den dreieinhalb Jahrzehnten bis zum heutigen Tag. Beim Erdöl ist die Progression noch ungeheurer: die erste Hälfte des bis heute geförderten Petroleums wurde bis in die Mitte der fünfziger Jahre verbraucht, die zweite Hälfte in den eineinhalb Jahrzehnten, die darauf folgten. Daß das nicht so weitergehen kann, muß auch einem kinderlosen Geschäftsmann einleuchten. Solche Aspekte mögen einen Realisten wie Winston Churchill zum Seufzer veranlaßt haben: „Der Tag, an welchem die Menschen das Pferd durch den Explosionsmotor ersetzten, wird als ein schwarzer Tag in die Geschichte der Menschheit eingehen."

Unter solchen Aussichten erscheinen die Atomkraftwerke wie ein rettender Deus ex machina. Aber das Problem ist nicht eine materielle, das heißt eine technische Frage, sondern eine Frage der Geisteshaltung. Solange die Menschen einer materialistischen Weltanschauung frönen, werden sie sich in ihrem selbstgebauten Teufelskreis aus Materie und Energie zutode hetzen. Die aus der Maßlosigkeit bei der Anwendung technischer Möglichkeiten entstandenen Probleme lassen sich mit technischen Mitteln alleine nicht lösen, weil ihre Ursache, wie bei allen menschlichen Problemen, eine Geisteshaltung ist. Am Anfang muß, wie seit Anbeginn, das Wort stehen; das vom Geiste getragene Wort, das Ursache für alle menschliche Materiegestaltung ist.

Auch die Atomkraftwerke haben ihren Preis, auch wenn von der ungeheuren Gefahr einer radioaktiven Verseuchung des Lebensraumes abgesehen wird: die Entropie. Eine Wärmeverseuchung der Umwelt ist aus prinzipiellen Gründen (2. Hauptsatz der Thermodynamik) nur durch eine Beschränkung der Energieproduktion zu vermeiden. Das heißt, daß mit dem Expansionsdenken des modernen Geschäftes augenblicklich aufgehört werden muß. Sonst ist es zu spät; sonst können unsere Kinder die Rechnung für den Raubbau an der Erde nicht bezahlen, weil sie nicht mehr leben.

Langsamer und schneller Tod

Vor etwa 2000 Jahren gelang es einem Bastler in Griechenland, etwas zu machen, das aussah wie eine Taube und für einige Sekunden zischend flog. Wahrscheinlich hatte er das Ding mit Luft aufgepumpt; die Taubenattrappe flog als Preßluftrakete. Man staunte. Damals schon. Die richtigen Tauben wurden nicht mehr beachtet als heute. Daß sie flogen und fliegen, war und ist selbstverständlich. Die Maschinen werden bewundert, die Lebewesen sind Alltäglichkeiten. Diese Neigung des Menschen führte zu Irrtümern, die Legion sind und die mit der Zahl der Maschinen zunehmen. Ein Beispiel: der Name Automobil ist falsch; ein Pferd bewegt sich von selbst.

Noch vor 20 Jahren hat man der Technik und der Wissenschaft nicht zugetraut, daß sie in der Lage seien, jede Maschine zu bauen. Solche Zweifel sind heutzutage weitgehend verschwunden. Mehr noch, man traut Technik und Wissenschaft zuviel, nämlich alles zu. Immer weniger Menschen staunen über Maschinen. Das ist recht so. Denn jede Maschine kann im Prinzip gebaut werden. Eine Bedingung nur muß erfüllt sein: sie darf den Gesetzen der Physik nicht widersprechen. Den Gesetzen des Lebens dürfen Maschinen ohne weiteres widersprechen. Meistens tun sie es. Inwieweit wissen wir nicht, weil die Wissenschaft die meisten Gesetze des Lebens nicht kennt.

Immer dann, wenn Maschinen maßlos angewendet werden, widersprechen sie den Gesetzen des Lebens. Sie zerstören es. Maschinen werden meist maßlos angewendet; wegen des Geschäftes. Je größer und zahlreicher die Maschinen, um so größer das Geschäft. Die Atomkraftwerke gehören zu den größten Maschinen. Das Atomgeschäft ist „big business". Sie gehören zu den gefährlichsten Ma-

schinen. Die in ihnen sich abspielenden Vorgänge widersprechen von allen bekannten physikalischen Prozessen dem Leben am meisten: die Radioaktivität.
In Rom, nach dem zweiten Punischen Krieg, während der Jahre um 200 v.Chr., endete Porcius Cato d.Ä. jede seiner Senatsreden mit dem Satz „Ceterum censeo Carthaginem esse delendam"; „Übrigens bin ich der Meinung, daß Karthago zerstört werden muß." Er hatte Erfolg, die nordafrikanische Stadt wurde 3 Jahre nach seinem Tod von Scipio Africanus d.J. zerstört. Hartnäckigkeit führt oft zum Erfolg, besonders wenn es um Zerstörung geht.
Jeder verantwortungsbewußte Naturwissenschaftler sollte heute seine Rede mit folgendem Satz enden: „Ceterum censeo scientiam de essentia viventium nihil scire"; „Übrigens bin ich der Meinung, daß die Wissenschaft vom Wesen des Lebendigen nichts weiß." Solche Hartnäckigkeit könnte vielleicht das Leben auf der Erde vor der Zerstörung durch die maßlose Anwendung technischer Möglichkeiten retten. Leben kann nicht durch wissenschaftliche oder technische Manipulation gemacht werden. Dazu müßte die Wissenschaft wissen, was Leben ist. Erhalten ist schwieriger als zerstören. Besonders wenn mit der Zerstörung Geschäfte gemacht werden können. Mit der Zerstörung der Schöpfung können die größten Geschäfte gemacht werden. Darin liegt das Wesen des „big business". Eine Erhaltung der Schöpfung würde auf Kosten des Maschinengeschäftes gehen. Wird die Schöpfung gerettet werden können?
Es gibt viele chemische, physikalische und technische Gesetze. Eines scheint das wichtigste von allen geworden zu sein: Alle Dinge, die wissenschaftlich und technisch möglich sind, müssen sofort, unter allen Umständen und um jeden Preis in die Tat umgesetzt werden. Ohne Berücksichtigung von ethischen und moralischen Werten. Es wird so getan, als ob der Forschungstrieb ein in jeder Hinsicht edler Trieb sei. Als ob er keines Maßes und keiner Zurückhaltung bedürfe. Mit dem Forschungstrieb verhält es sich gleich wie beispielsweise mit dem Sexualtrieb. Wenn nicht auch er ethischen und moralischen Gesetzen unterstellt wird, so werden die Werte der Wissenschaft fragwürdig. Ein Blick in die Geschichte zeigt, daß mit

dem Forschungstrieb mehr Unheil angerichtet wurde als mit den Bordellen aller Zeiten. Wer zuerst kommt, macht das Geschäft, die Karriere oder den Nobelpreis. Müssen Atomkraftwerke jetzt und um jeden Preis gebaut werden? Niemand weiß, ob der Preis Leben und Gesundheit ist.

Über das Wesen des Lebens weiß die Wissenschaft nichts. Natürlich, sie hat Tausende von Theorien. Man weiß viel über Eigenschaften und Verhalten von Lebewesen. Die Biologen wissen das. Nicht die Chemiker, Physiker, Ingenieure und Techniker. Sie sollten daher für die biologischen Probleme, die sich bei der Gewinnung von Atomenergie stellen, Biologen zu Rate ziehen. Nicht solche, die im Sold der Atomgeschäftsleute stehen. Söldner gibt es immer und überall. Die Biologen raten dringend zur Zurückhaltung. Das ist gegen das Geschäft. Die Geschäftsphysiker tun so, als ob sie etwas von Biologie verstünden, nennen sich Biophysiker, zerlegen die Lebewesen in Moleküle und sagen, die Atomkraftwerke seien ungefährlich. Das können sie selbstverständlich nicht wissen, da sie von den lebenden Lebewesen nichts verstehen. Ein Biologiestudium braucht mindestens soviel Zeit wie ein Physikstudium. Dazu kommt, daß Biologie eine viel schwierigere Wissenschaft ist als Physik.

In öffentlichen Diskussionen, die zur Beruhigung der Bevölkerung durchgeführt werden, werfen die Atomgeschäftsphysiker den Nicht-Physikern gerne vor, sie würden Äpfel mit Kirschen verwechseln. Handkehrum wollen sie physikalische Pflaumen für chemische Birnen verkaufen, indem sie behaupten, eine Galvanisieranstalt sei für die Gewässer ebenso gefährlich wie ein Atomkraftwerk. Wegen des Zyankaliums, das dort in großen Mengen verwendet wird. Sie vergessen zu sagen, daß Zyankali jederzeit einer chemischen Veränderung zugänglich ist, so daß die Substanz so ungiftig wird wie Salz oder Zucker. Ihre radioaktiven Gifte aber können durch kein Mittel der Wissenschaft ungiftig gemacht werden. Es handelt sich dabei um chemische Elemente. Sie können daher chemisch nicht verändert werden. Die radioaktiven Spaltprodukte sind nicht in ungefährliche Verbindungen verwandelbar. Nach einem unabänderlichen Gesetz, dessen Ursache unbekannt ist, senden sie ihre tödlichen Strahlen aus.

Das Wesen des Todes ist so rätselhaft wie das Wesen des Lebens. Der Tod ist untrennbar mit dem Leben verknüpft. Er hat eine Realität von der gleichen Unmittelbarkeit wie das Leben. Im Zeitalter des Materialismus wird diese Tatsache nicht gerne gesehen. Der Tod wird versteckt, wo und wie es immer möglich ist. Auch beim Bau von Atomkraftwerken wird er versteckt oder gar geleugnet. Der Tod ist nicht modern. Wer gesunde Organe in sich trägt, hat heute nicht einmal mehr Zeit, tot zu sein. Ehrgeizige Messer warten auf sein Herz. Das Herz ist nicht mehr der Sitz der Seele. Es ist eine Pumpe. Nur eine Pumpe.

Ein Atomkraftwerk in einem besiedelten Gebiet trägt die Möglichkeit in sich, den Tod auf zwei Arten zu offerieren: langsam oder schnell. Der langsame ist der wahrscheinlichere. Vor dem langsamen Tod haben die Menschen wenig Respekt. Daher fahren sie ihre Autos mit Bleibenzin, spritzen ihre Früchte mit Insektiziden, Herbiziden und andern chemischen Kleinigkeiten. Sie lassen es sich gefallen, daß inmitten ihrer Wohnungen Atomkraftwerke gebaut werden. Ihre Gemeinde erhält Steuergelder. Der langsame Tod kann so langsam sein, daß erst die Kinder daran sterben. Als Kinder. Die Atomkraftwerke heißen: GmbH = Gesellschaft mit beschränkter Haftung, oder SA = Société Anonyme.

Radioaktive Gifte, wie sie in Atomreaktoren entstehen, sind erst seit etwas mehr als 20 Jahren bekannt. Man kann also nicht wissen, wie und in welchen Dosen sie in Zeiträumen von Generationen wirken. Trotzdem gibt es Physiker, die sagen, Atomkraftwerke seien ungefährlich. Was sind das für Physiker? Wie schlafen sie? Haben sie Kinder? — Es gibt andere. Nobelpreisträger sind darunter. Max Born, Albert Einstein und Linus Pauling zum Beispiel. Sie sagten und sagen, Atomkraftwerke seien außerordentlich gefährlich und in der heutigen Form nicht zu verantworten. Aus Sicherheitsgründen seien noch jahrzehntelange Versuche erforderlich. Weit ab von jeder Besiedlung. Aber die anderen Physiker wissen es besser. Woher? Warum? Wieviel verdienen sie beim Atomgeschäft?

Den schnellen Tod liefert ein Atomkraftwerk mit einer sehr geringen Wahrscheinlichkeit: wenn es explodiert. Der winzigen Wahr-

scheinlichkeit steht eine riesige Katastrophe gegenüber. In diesem Fall kommt der Tod schnell und zahlreich. In einem dichtbesiedelten Gebiet bedeutet das Tausende von Toten. Bei Tausenden wird der Strahlentod erst nach Wochen, Monaten oder Jahren kommen. Unter fürchterlichen Schmerzen. Vor dem schnellen Tod haben die Leute mehr Respekt. Daher bewahren sie zu Hause kein Dynamit auf. Das wissen die Atomgeschäftsphysiker. Sie trösten die Bevölkerung mit Hilfe der Wahrscheinlichkeitsrechnung: „Mit einer an Sicherheit grenzenden Wahrscheinlichkeit ist die Explosion eines Atomkraftwerkes ausgeschlossen." —
Die Stadt Basel am Rhein ist weltbekannt. Wegen der chemischen Industrie. Früher war es der Humanismus. Die Zeiten ändern sich. Von der Explosionsgefahr in den Fabriken sagen die Experten: „Eine Explosion ist mit einer an Sicherheit grenzenden Wahrscheinlichkeit ausgeschlossen." Zu Weihnachten 1969 explodierte ein Farbkessel: Tote und Verwundete. Zu Neujahr 1970 explodierte ein Pharmakessel: Verwundete. Anfang 1973 wurde ein ganzes Fabrikationsgebäude durch „Verpuffung" zerstört: Verwundete.
Es gibt die Leben und das Leben. Die Leben sind die lebendigen Individuen: der Fritz, die Katze und der Baum. Das Leben ist das Leben auf der Erde überhaupt. Der Tod gilt nur für die Leben. Der Fritz, die Katze und der Baum müssen sterben. Das Leben nicht. Das Leben gibt es seit unvorstellbaren Zeiten. Bis jetzt mußte es nicht sterben. Die Menschen konnten bis jetzt nur die Leben umbringen. Das Leben war stärker als die menschlichen Vernichtungsmittel. Bis jetzt. Heute gibt es etwas Neues unter der Sonne. Die Menschen haben ein Mittel in der Hand, um auch das Leben zu vernichten. Alles Leben auf der Erde. Die Atombombenarsenale werden immer größer. Die vorhandenen Atombomben reichen aus, um alles Leben auf der Erde erlöschen zu lassen. Nicht nur durch die fürchterliche Sprengkraft, vor allem durch die freiwerdende Radioaktivität. Die Sprengkraft der vorhandenen Atombomben entspricht einer Schicht Dynamit von nahezu einem Zentimeter Dicke, die die ganze Erde umhüllt. Täglich werden neue Atombomben gemacht.

Die Politiker und Militärs wollen die Atombomben. Sie können sie nicht selbst machen. Ihre Intelligenz liegt auf einer anderen Stelle. Wer macht sie? Wissenschaftler. Was für Wissenschaftler? Es müssen gute Wissenschaftler sein. Um Atombomben zu machen, braucht es Intelligenz. Was für Wissenschaftler sagen, Atomkraftwerke seien nicht gefährlich? Gute Wissenschaftler. Um Atomkraftwerke zu bauen, braucht es intelligente Menschen.

Über den Begriff „Gefahr”

Blei ist in mancher Hinsicht eine besondere Substanz. Zwei bemerkenswerte Aspekte hat der zur Zeit Goethes lebende Physiker Georg Christoph Lichtenberg, dessen Aphorismen Nietzsche zu den lesenswertesten deutschen Büchern zählte, von manchen als Zyniker bezeichnet, von Wagner über die französischen Moralisten gestellt, etwa folgendermaßen zum Ausdruck gebracht: Zu den Stoffen, die die menschliche Gesellschaft tiefgreifend verändert haben, gehört das Blei; und zwar weniger das Blei in den Flintenläufen als das Blei in den Setzkästen der Druckereien.
Die von Lichtenberg gegenübergestellten Verwendungszwecke des Bleis als Geschoß und als Gießmetall für Drucklettern könnten als Gleichnisse für schnelle und langsame Wirkungen hingestellt werden. Wenn man bedenkt, daß die Menge Blei, welche in einer Gewehrkugel enthalten ist (etwa 10 Gramm), einerseits ausreicht, um einen Menschen durch Erschießen zu töten, andererseits bei weitem genügt, um ihn tödlich zu vergiften, macht diese zweifache Möglichkeit auf ein grundlegendes Verhältnis der Menschen zu dem, was sie Gefahr nennen, aufmerksam. Es ist ganz klar, daß jedermann vor einem geladenen Gewehr mehr Respekt hat als vor einer Flasche mit Bleinitrat; als Geschoß tötet das Blei schneller als das Gift. Erfahrungsgemäß werden gefahrtragende Zustände und Vorgänge um so gefährlicher empfunden, je schneller sie die Gefahr zu bringen vermögen. Um den heutigen Vorstellungen über die Wissenschaftlichkeit entgegenzukommen, soll der Gefahrbegriff mit einer mathematischen Formulierung dargestellt werden. Aber vorher soll noch auf einen anderen Aspekt des Bleis hingewiesen werden, der dem Physiker Lichtenberg völlig unbekannt war, weil man diese Zusammenhänge erst in den letzten Jahren des vergangenen Jahr-

hunderts zu erforschen begann. Doch ist die Tragweite dieses Bleis für das Schicksal der Menschheit, wenn auch weniger bekannt, so doch mindestens so groß wie die des Bleis in den Flintenläufen und Setzkästen: das Blei als Endprodukt des radioaktiven Zerfalls von Uran und Thorium.

Die Erforschung der Kräfte des Atomkerns, die ihre technische Anwendung in der Atombombe und den Atomkraftwerken gefunden haben, begann mit der Entdeckung der Radioaktivität durch Henri Becquerel im Jahre 1896. Die Uranpechblende, an welcher Becquerel das Strahlungsphänomen feststellte, wurde vom Ehepaar Marie und Pierre Curie-Sklodowska untersucht. Dabei gelang ihnen die Isolierung der Elemente Polonium und Radium, welche viel stärker radioaktiv sind als das Uran und die sich in der Folge als Stufen in der Zerfallsreihe des Uranisotops 238 erwiesen, an dessen Ende das stabile Bleiisotop 206 steht. Die Bleiisotopen 207 und 208 sind die Endstufen des (natürlichen) Uran-235- und Thorium-Zerfalls. Also ist Blei das Endprodukt des Schicksalsmetalls Uran 235, aus welchem der Sprengkörper der ersten Atombombe bestand. Lichtenberg könnte seine Betrachtungen über das Blei also um einen bemerkenswerten Beitrag erweitern.

Das Alter der Erde wurde unter anderem mit der sogenannten Bleiuhr bestimmt, an der man das sogenannte Bleialter abliest. Es beruht diese Uhr auf der Tatsache, daß Uran und Thorium sich mit einer genau bestimmbaren Halbwertzeit durch radioaktiven Zerfall in Blei verwandeln. Eine Formel für die Altersbestimmung eines Gesteins lautet folgendermaßen:

$$A = 0{,}737 \frac{(\mathrm{Pb})}{(\mathrm{U}) + 0{,}35(\mathrm{Th})} 10^{10}\,\mathrm{Jahre}$$

Dabei bedeuten (Pb) das Gewicht des in der Gesteinsprobe gefundenen Bleis, (U) und (Th) das in der Gesteinsprobe noch vorhandene Gewicht an Uran und Thorium. Durch die Anwendung solcher und genauerer Methoden nahm das Alter der Erde im Verlauf der letzten hundert Jahre Wissenschaftsgeschichte um ein paar Milliarden Jahre zu. Aus der Formel ist sofort ersichtlich, daß das Alter eines Gesteins um so größer wird, je mehr Blei und je weniger Uran und Thorium in ihm gefunden werden können. Vor etwa fünf Jahren mußten die Wissenschaftler feststellen, daß die Mineralien, welche das Uran chemisch gebunden enthalten, unter den im Gestein vorliegenden Bedingungen besser löslich sind, als für die Altersbestimmung bisher angenommen wurde. Diese neueste Erkenntnis hatte zur Folge, daß die bisher in die obige Formel eingesetzten Uranmengen als zu klein zu betrachten sind, weil vom ursprünglichen Uran ein größerer Teil als vermutet im Verlauf der Jahrmilliarden durch Lösungseffekte aus dem Gestein verschwunden sein mußte. Wenn man die jetzt für richtig befundenen Uranmengen in die Formel einsetzt, so wird die Erde um etwa eine Milliarde Jahre jünger. Am meisten betroffen von dieser Erkenntnis sind die Evolutionstheoretiker, weil ihnen schon das alte Alter der Erde zur Erklärung des Werdens der Arten zuwenig Zeit gab; und jetzt fehlen ihnen eine Milliarde Jahre. Dies ist ein Beispiel unter vielen, wie vergänglich wissenschaftliche Feststellungen sein können. Was die Evolutionslehre anbetrifft, wird unser tägliches Leben kaum davon betroffen. Was aber, wenn sich in einigen Jahren Irrtümer zeigen, die auf jenen Gebieten der Wissenschaft gemacht wurden, die im Zusammenhang mit der Sicherheit (Gefahrlosigkeit, Harmlosigkeit) von Atomkraftwerken stehen? Jene Wissenschaft, die vor 25 Jahren die Harmlosigkeit des DDT festgestellt hatte, ist die gleiche Wissenschaft wie heute. Man kann natürlich den Einwand machen, daß während dieser 25 Jahre viele neue Kenntnisse dazugekommen sind. Das stimmt; aber was unbekannte Größen anbelangt, ist die Wissenschaft immer noch in der gleichen Situation wie zu irgendeiner Zeit. Es wäre sehr unwissenschaftlich, zu behaupten, daß die Menge an unbekannten Größen in einer meßbaren Weise abgenommen habe. Auch im Zusammenhang mit dem Bau und Betrieb von Atomkraftwerken gibt es, besonders was die Umwelt anbetrifft, eine große Menge unbekannter Größen. Unter der Umwelt eines Atomkraftwerkes ist jene Welt zu verstehen, in der die Menschen leben.

Zu einer mathematischen Formulierung des Gefahrbegriffes bedarf es der Wahrscheinlichkeitsrechnung. Allgemein wird unter Wahrscheinlichkeit jene Eigenschaft von Aussagen verstanden, welche

als ein Gewicht im Sinne ihrer Geltung, Gültigkeit, Richtigkeit für das Zutreffen eines ins Auge gefaßten Ereignisses aufgefaßt werden kann. Zur Definition der Wahrscheinlichkeit bestehen sehr wohl einleuchtende Gründe, die aber im Sinne einer kausalen Logik nicht hinreichend sind. In der Wissenschaft wird die Wahrscheinlichkeit als sogenannte numerische Wahrscheinlichkeit verwendet, die, was auf die Problematik des Wahrscheinlichkeitsbegriffs hinweist, verschiedenartig gedeutet werden kann. Als klassische Deutung wird die Ansicht von beispielsweise Laplace bezeichnet, nach der die Wahrscheinlichkeit ein Maß dessen ist, was man subjektive Erwartung nennt. Eine logische Deutung der Wahrscheinlichkeit verlangt eindeutige Relationen zwischen den in der Wahrscheinlichkeitsbetrachtung auftretenden Aussagen. Aus der Sicht der Häufigkeitstheorie bedeutet die Wahrscheinlichkeit ein Maß für die relative Häufigkeit, mit der eine ins Auge gefaßte Eigenschaft in einer bestimmten Klasse von ereignistragenden Elementen vorkommt.
Einer der Begründer der Wahrscheinlichkeitsrechnung, Jacob Bernoulli, hat vorgeschlagen, die relative Häufigkeit für das Auftreten eines bestimmten Ereignisses mit dem Quotienten der Anzahl günstiger Fälle durch die Anzahl aller gleichmöglichen Fälle, die bei einer großen Zahl von ereignisbringenden Vorgängen auftreten, zu definieren. Strenggenommen gilt diese Definition nur dann, wenn die Zahl der ereignisbringenden Vorgänge gegen Unendlich geht. Beispielsweise ist die als relative Häufigkeit definierte Wahrscheinlichkeit für das Würfeln einer bestimmten Augenzahl 1/6, weil beim ereignisbringenden Vorgang (dem Würfeln) die Zahl der günstigen Fälle 1 und die Zahl aller gleichmöglichen Fälle 6 ist. Oder der Bernoullischen Definition gemäß ausgedrückt: wenn sehr viel (unendlich viel) mal gewürfelt wird, so wird festgestellt, daß eine beliebige Augenzahl sechsmal häufiger als eine bestimmte Augenzahl auftritt. — Die mit allen Wahrscheinlichkeitsbetrachtungen verknüpfte Problematik mag durch eine Bemerkung zum Ausdruck kommen, die Jacob Bernoulli gemacht haben soll, als er gefragt wurde, nach welchen Orientierungspunkten unter den Aspekten der Wahrscheinlichkeitsrechnung die Höhe eines Spieleinsatzes

festgelegt werden soll. „Nach der Höhe des Vermögens", habe die Antwort Bernoullis gelautet.

Zur mathematischen Formulierung des Gefahrbegriffes soll die als relative Häufigkeit definierte Wahrscheinlichkeit verwendet werden. Diese Wahrscheinlichkeit kann als Funktion einer oder mehrerer Variablen betrachtet und dargestellt werden. Zum Beispiel kann die Wahrscheinlichkeit für das Eintreten eines Ereignisses, das für einen oder viele Menschen Schaden, Krankheit oder Tod bedeutet, beispielsweise als eine Funktion der Lebenszeit oder des Aufenthaltsortes dargestellt werden. Es ist durchaus möglich, diese Wahrscheinlichkeit mit dem Begriff „Gefahr" in eine Korrelation zu setzen; zum Beispiel so, indem man sagt, die Gefahr sei um so größer, je größer die Wahrscheinlichkeit für das Eintreten des zerstörenden Ereignisses ist. Unter dem Aspekt des Gefahrbegriffes scheint die Laplacesche Definition der Wahrscheinlichkeit als ein Maß dessen, das man subjektive Erwartung nennt, einiges Gewicht zu haben.

Um Wahrscheinlichkeitsbetrachtungen mit den Werkzeugen der Differentialrechnung bearbeiten zu können, wurde der Begriff der Wahrscheinlichkeitsdichte (manchmal auch statistisches Gewicht genannt) eingeführt. Als Funktion ist die Wahrscheinlichkeitsdichte durch das folgende Integral sowohl definiert als auch normiert

$$W = \int_{-\infty}^{+\infty} W(x)\,dx = 1$$

Dabei bedeutet $W(x)$ die Wahrscheinlichkeitsdichte als Funktion der Variablen x, von welcher die relative Häufigkeit für das Eintreten eines Ereignisses abhängig ist. Die Bedingungen, daß das zwischen $-\infty$ und $+\infty$ genommene Integral gleich 1 ist, entspricht der Normierung des Wahrscheinlichkeitsbegriffes. Eine Summierung über alle von der Variablen x abhängigen Möglichkeiten des Ereignisses muß Sicherheit für das Eintreffen des betrachteten Ereignisses ergeben. Nach dieser Normierung bedeutet also der Zahlenwert 1 für die Wahrscheinlichkeit Sicherheit für das Eintreffen des Ereignisses. Wenn die Variable keine negativen Werte annehmen kann oder wenn es nicht sinnvoll ist, für sie negative Werte anzunehmen, wie das beispielsweise für die im Bereich des Lebens einsinnig ablaufende Zeit t der Fall ist, so wird die Wahrscheinlichkeit durch das Integral

$$W = \int_0^\infty W(t)dt = 1$$

normiert.

Da in Hinsicht auf das menschliche Dasein keine unendlichen Zeiten verstreichen, gibt es im mathematischen Sinne für das Eintreten eines (ausstehenden) Ereignisses keine Sicherheit. Wenn man beispielsweise an den Tod denkt, klingt diese Feststellung merkwürdig. Immerhin, viele Menschen leben so, als ob das Eintreten ihres Todes sehr unwahrscheinlich wäre. Der Einfachheit halber soll hier die Gefahr mit einer Wahrscheinlichkeitsdichte dargestellt werden, die eine Funktion von nur einer Variablen, zum Beispiel der Zeit t, ist. In Wirklichkeit ist das Problem viel verwickelter; man bedenke, daß eine Gefahr mindestens eine Funktion von Zeit, Ort und Geschwindigkeit ist, wenn auch nur das Autofahren in Betracht gezogen werden soll. Um ein Maß für die Gefahr zu halten, muß dann über einen bestimmten Lebensabschnitt, das heißt, über einen zwischen t_1 und t_2 liegenden, endlichen Zeitabschnitt, integriert werden. Dabei gilt immer

$$W = \int_{t_1}^{t_2} W(t)dt < 1$$

Unter Beizug der Laplaceschen Definition der Wahrscheinlichkeit, die ein Maß für die subjektive Erwartung ist, könnte man sagen, daß dieses Integral eine numerische Definition für den Begriff „Gefahr" darstellt. Man müßte lediglich noch einen Zahlenwert für die Wahrscheinlichkeit festlegen, welchen die Menschen in Hinsicht auf eine bestimmte Gefahr in Kauf zu nehmen gewillt sind. Bei einer Befragung wird dieser Zahlenwert bei einigen Menschen etwas höher liegen als bei anderen. Eigenschaften wie mutig, unerschrocken, draufgängerisch, vorsichtig, rücksichtlos, feige, ängstlich oder alt könnte man mit diesen Zahlen gewiß in eine Korrelation bringen (risikofreudig hätte man noch nennen sollen).

Wenn man den Gefahrbegriff nicht nur als subjektive Erwartung, sondern auch als im Kollektiv vorhanden betrachtet, so müßte auch die Zahl der betroffenen Menschen als eine Variable der Wahrscheinlichkeitsdichte bei der Integration berücksichtigt werden. Da der Begriff „Gefahr" bereits bei der Beobachtung eines Individuums zu beachtlichen Komplikationen führt, soll ein kollektives Gefahrbewußtsein bei dieser stark vereinfachten Darstellung ausgeklammert werden, weil es von manchen Psychologen ohnehin als nicht existent betrachtet wird. Das beim „Bleivergleich" beschriebene Verhältnis des Individuums zur Gefahr kommt bei der formelmäßigen Darstellung dadurch zum Ausdruck, daß bei einem bestimmten, angenommenen Wert des Integrals die Größe der Gefahr noch eine Funktion der Grenzen ist. Das heißt, je kleiner $t_1 - t_2$, also je kürzer die Zeit, in welcher die Gefahr zum Ereignis werden kann, um so größer wird bei einem bestimmten Wahrscheinlichkeitswert die Gefahr empfunden.

Darin dürfte der Grund liegen, daß die mögliche Explosion eines Atomkraftwerkes viel tiefer in das Gefahrbewußtsein eindringt als die Möglichkeit einer radioaktiven Vergiftung. Auch wenn die Integrale der Wahrscheinlichkeiten für eine Explosion und für eine Vergiftung gleich groß wären, wäre das Gefahrempfinden als subjektive Erwartung für das Explosionsereignis größer.

Unter diesem Aspekt bringt ein solches „Gefahrenintegral" eine Tatsache zum Ausdruck, die nachdenklich stimmt: wenn die Grenzen über ein Zeitintervall genommen werden, das größer ist als die Dauer eines Menschenlebens, so wird die subjektive Erwartung für das Eintreten der schädlichen Ereignisse auch bei einem hohen Wert der Wahrscheinlichkeit äußerst gering. Das heißt, eine solche Gefahr wird nicht realisiert oder sozusagen als nicht gefährlich empfunden. Stets dann, wenn es sich um Gefahren der Erbgutschädigung handelt, muß das Gefahrenintegral über Zeiträume von mehreren Generationen, das heißt über eine Zeit, die mindestens so lang, besser aber länger dauert als ein Menschenleben, genommen werden. Abgesehen davon, daß ein Gefahrenintegral über eine so lange Zeit genommen, auch bei einer relativ hohen Wahrscheinlichkeit für das Eintreten des Schadenereignisses nicht besonders ernst genommen wird, kommt dazu, daß die Wahrscheinlichkeitsdichtefunktionen für Erbgutschäden, hervorgerufen durch künstliche Radioaktivität, für so lange Zeiträume soviel wie unbekannt sind. Es ist erstaunlich, daß für gewisse Wissenschaftler, Mediziner, Ingenieure und Techniker der Begriff „unbekannt" etwas Ähnliches zu bedeuten scheint wie „nicht vorhanden". — In den Integrationsgrenzen für die radioaktive Vergiftungsgefahr ist auch die Lebenszeit von Menschen einzusetzen, die noch gar nicht geboren sind — von Kindern, Großkindern und Urgroßkindern.

Kinder und Direktoren

Sie unterscheiden sich in mancher Hinsicht; zum Beispiel in der Körpergröße. Mit guter Wahrscheinlichkeit auch in der Lebenserwartung. An Weihnachten ist der Unterschied kleiner. Die Ungeduld der Kinder kann an diesen Tagen die Ungeduld von Direktoren erreichen. Es sei denn, ein ganz großes Geschäft stehe in Aussicht. Weit größer als das Weihnachtsgeschäft. Dann kann das Drängeln der Direktoren sogar die Zappligkeit eines Achtjährigen übertreffen, der weiß, daß im großen Paket unter dem elterlichen Bett seine elektrische Eisenbahn ist.
Solche geschäftsbeflissene Ungeduld ist es, die dazu führt, daß mit einer beträchtlichen Differenz zwischen der Lebenserwartung von Direktoren und Kindern zu rechnen ist. Zugunsten der Direktoren: wer 60 Jahre gelebt hat, wird mindestens 60 Jahre alt. Ein abgeschlossenes Geschäft ist sicherer als ein in Aussicht gestellter Gewinn.
In den Industrieländern ist heutzutage die Lebenserwartung der Menschen hoch. Wird sie als mittlere oder als häufigste Lebenserwartung definiert, so liegt sie bei 60, 65 oder gar 70 Jahren. Je nach Land. Heute. Die Techniker und Wissenschaftler sind stolz darauf. Sie beweisen damit den Segen ihres Tuns. Früher war das Alter der Menschen bedeutend niedriger. Für einen Beweis verwendet man heute mit Vorteil Zahlen. Was die Lebenserwartung anbelangt, wäre es an der Zeit, daran zu erinnern, daß die vorliegenden Zahlen nicht für Kinder, sondern für Damen und Herren im Direktionsalter gelten. Die Statistik definiert die häufigste Lebenserwartung als dasjenige Alter, in welchem die meisten Menschen sterben. Die sogenannte mittlere Lebenserwartung ist anders definiert, aber etwa von der gleichen Größenordnung. Die Statistik gehört zu den

schwierigsten Gebieten der Mathematik und zeichnet sich dadurch aus, daß sie gerne von Leuten zur Beweisführung herbeigezogen wird, die von Mathematik keine Ahnung haben. Zum Beispiel ist sie bei Medizinern sehr beliebt.
Es ist also zu beachten, daß die Statistik wohl Aussagen über die Lebenserwartung derjenigen machen kann, die in den nächsten Jahren zu sterben haben. Am genauesten erfaßt sie die Verstorbenen. Aber niemand kann eine Aussage über die Lebenserwartung von Neugeborenen und Kindern machen. Das heißt, Aussagen werden natürlich gemacht. Die Futurologie zählt heute zu den Wissenschaften. Das sollte bedacht werden, wenn von der hohen Lebenserwartung gesprochen wird, die den technischen Errungenschaften zu verdanken ist. Wie gesagt, diese gilt nur für Damen und Herren im gesetzten Alter. Wenn die Statistiker ihre Rechnung auch für Kinder anwenden, so tun sie etwas, für das sie einen Fachausdruck haben: Extrapolation. Mit den hochgezogenen Augenbrauen des Experten geben sie ihrem Erstaunen Ausdruck, wenn daran gezweifelt wird.
Gestatten wir uns, zu zweifeln. Zu Recht wird darauf hingewiesen, daß die beachtliche Erhöhung der mittleren Lebensdauer der Menschen den Errungenschaften von Wissenschaft und Technik zu verdanken ist. Aber: bei den Menschen, an welchen die lebensverlängernde Wirkung festgestellt wurde, handelt es sich um diejenigen, die während der vergangenen 30 Jahre im Alter zwischen 60 und 70 Jahren gestorben sind. Oder um diejenigen, die in den kommenden 20 Jahren nach einer solchen Lebensdauer ihre Grabsteine erhalten werden. Also jene Menschen, die zu einer Zeit Kinder waren, wo die technischen Möglichkeiten bei weitem noch nicht mit der heutigen Maßlosigkeit angewendet wurden. Nicht etwa, weil die Industriekapitäne um die Jahrhundertwende und während der ersten Jahrzehnte danach vernünftiger gewesen wären. Nein. Die technischen und wissenschaftlichen Möglichkeiten, die zur Durchführung der heutigen Maßlosigkeit erforderlich sind, standen ihnen nicht zur Verfügung.
Ein Kind, das vor 50 oder auch nur 30 Jahren aufwuchs, ist mit den Giftstoffen und dem Lärm, die von der modernen Produktions-

Konsumations-Industrie in gewaltigen Mengen ausgestoßen werden, überhaupt nicht in Berührung gekommen. Einige Beispiele: Insektizide, Herbizide, Konservierungsmittel, Kunststoffe, Autoabgase mit Blei, die stetig zunehmende Verpestung von Luft und Wasser. Ein Kind, das heute geboren wird, hat bereits DDT und Blei im Blut. Die Mutter ist machtlos. Sie hat diese Substanzen, die es vor fünfzig Jahren zum Teil erst in den Flaschen einiger chemischer Laboratorien oder überhaupt noch nicht gab, in ihrem Blut. Auch wenn sie keine Tabletten gegessen hat. Mit den modernen Maschinen werden die Substanzen in maßlosen Mengen für ein maßloses Geschäft hergestellt und über die ganze Erde verbreitet.

Wie wird die Lebenserwartung von Kindern sein, die mit solchen Substanzen in Blut, Knochen und Nerven geboren werden und damit aufwachsen? Substanzen, die zur Kinderzeit der Menschen, die heute ihre 70 Jahre Leben erwarten, von den Chemikern in kleinen Mengen als Besonderheiten in Flaschen eingeschlossen wurden.

Die meisten, vielleicht sogar alle Errungenschaften der Wissenschaft und Technik würden bei einer maßvollen Anwendung zum Segen der Menschheit gereichen. Möglicherweise würden die Menschen nicht nur länger, sondern auch sinnvoller leben. Heute, wo 100 nicht nur mehr, meistens auch besser als 10 ist, weil oft mit Dollar verbunden, besteht ein bemerkenswerter Unterschied zwischen den Lebenserwartungen von Kindern und Direktoren. Der Sinn der modernen Produktions- und Konsumationsgesellschaft wird von der Jugend in Zweifel gezogen. Das große Geschäft wird immer größer. Nicht weil die Geschäftsleute habgieriger oder tüchtiger geworden sind. Sie sind weder schlechter noch besser als vor Jahrhunderten. Weil die Wissenschaftler und Techniker immer mehr, stärkere und größere Maschinen bauen. Für die Anwendung ihrer Entdeckungen lehnen sie die Verantwortung ab. Die Politiker seien die geeigneten Leute für die Verantwortung, sagen sie, und verschanzen sich hinter ihren Labortischen. Maschinen können weder gut noch böse sein. Was wir bräuchten, wären Menschen, die die Maschinen zu bewältigen vermöchten. Weil es sie nicht gibt, werden die Maschinen immer zahlreicher, größer und auch perfekter. Da die Menschen die gleichen geblieben sind, muß es sich dabei um dasjenige handeln, was als Fortschritt bezeichnet wird. Seit etwas mehr als 20 Jahren wird den Geschäftsleuten eine Maschine zur Verfügung gestellt, die als die stärkste aller Zeiten bezeichnet werden kann: das Atomkraftwerk. Wenn man den Geschäftsleuten eine Maschine gibt, so machen sie damit Geschäfte. Ohne Wissenschaftler hätten sie keine Atomkraftwerke. Die Geschäftsleute geben ihnen dafür Geld. Je größer die Maschine, um so größer das Geschäft. Die stärkste verspricht das größte Geschäft. Das Atomgeschäft ist das Geschäft der Zukunft.

Die Vorstellungen über die Zukunft gehen auseinander. Sowohl hinsichtlich Art wie Dauer. Für die Atomgeschäftsleute genügt eine Zukunft von etwa 20 Jahren, weil sie bis dann ihre mittlere Lebenserwartung abgelebt haben werden. Auch die Art der Zukunft ist geschäftlich gesehen ganz interessant. Zum Beispiel sagt Herr H. F. Breimeyer, Professor für Agrikultur-Ökonomie an der Universität von Missouri in Amerika: „Wenn wir einmal fähig sein werden, alle unsere Nahrungsmittel zu synthetisieren, wird sich unsere Sozialstruktur in eine völlig industrielle wandeln. Bis zu diesem Zeitpunkt werden wir uns auch in unserer Kleidung und unseren Wohnungseinrichtungen vollständig auf synthetische Stoffe stützen. Die Abhängigkeit von natürlichen Substanzen wird ganz verschwinden, die neue Welt wird wunderbar produktiv sein."

Mit dem Atomgeschäft wird eine Substanzklasse in die Welt gesetzt, neben welcher die chemischen Gifte Kleinigkeiten sind: die in den Kernreaktoren entstehenden radioaktiven Spaltprodukte. Die Radioaktivität ist eine Energieform, die wegen ihrer Intensität und Heftigkeit allen Lebensprozessen fremd ist, weil sie tötet. Bei den Stoffwechselprozessen in den Lebewesen sind alle möglichen Energieformen anzutreffen. Zum Beispiel chemische, mechanische, elektrische oder Wärmeenergie. Niemals tritt in einem Lebensprozeß die Radioaktivität auf.

Chemische Gifte können mit chemischen Methoden vernichtet und aus der Welt geschafft werden. Eine Vernichtung von radioaktiven Giften ist nicht möglich. Ihre Giftigkeit besteht in der Eigenschaft, eine tödliche Strahlung auszusenden. Es gibt kein Mittel in der

Welt, das den diese Strahlung erzeugenden radioaktiven Zerfall verhindern könnte. Die Spaltprodukte strahlen so lange, bis sie zerfallen sind. Während Jahrhunderten. Wie die chemischen Gifte der klassischen Industrie werden die radioaktiven Spaltprodukte langsam, ganz langsam vielleicht, über die ganze Erde verbreitet. Eine sichere Maschine gibt es nicht. Diese Tatsache sollte in Anbetracht der außerordentlichen, noch nie dagewesenen und unvernichtbaren Giftigkeit der radioaktiven Spaltprodukte zu denken geben. Zumindest sollte die Frage gestellt werden: „Wie groß ist die Lebenserwartung der Vierjährigen?"

Braucht die Menschheit Atomkraftwerke? Wahrscheinlich ja. Ist deshalb die Gefahr einer radioaktiven Vergiftung unvermeidlich? Nein. Etwas müßte vorausgesetzt werden können: die Geduld der Geschäftsleute. Vor allen Dingen die Geduld der Atomgeschäftsleute. — Jede Maschine, die den Gesetzen der Physik nicht widerspricht, kann gebaut werden. Es handelt sich lediglich um eine Frage des technischen und finanziellen Aufwandes. Die Mondlandemaschine ist ein Beispiel dafür. Den Gesetzen des Lebens darf eine Maschine widersprechen. Es wird früher oder später möglich sein, die Atomenergie durch Kernverschmelzung statt durch Kernspaltung zu gewinnen. Die kontrollierte Kernverschmelzung (Fusion) ist gegenüber der in den heutigen Atomkraftwerken verwendeten Kernspaltung (Fision), die unweigerlich die hochradioaktiven Spaltprodukte liefert, mit außerordentlichen technischen Schwierigkeiten verbunden. Aber die erforderliche Maschine widerspricht den Gesetzen der Physik nicht und wird daher in absehbarer Zeit gebaut werden können. Bei der Kernverschmelzung entstehen kaum radioaktive Abfallprodukte. Der Kernbrennstoff ist, im Gegensatz zum immer knapper werdenden Uran, in Form von schwerem Wasser in beliebigen Mengen überall vorhanden.

Die Zeit, die bis zum Bau von Fusionsatomkraftwerken verstreichen wird, hängt von der Intensität der entsprechenden Forschung ab. Es ist zu verstehen, daß die Geschäftsleute, die die heute vorhandenen Atomkraftwerke verkaufen wollen, an einem zu raschen Erfolg solcher Forschungsarbeiten nicht interessiert sind. Die

Möglichkeit ist gegeben, den finanziellen Aufwand so zu dosieren, daß gegenwärtige Geschäftsinteressen nicht durch eine zu früh gemachte Entdeckung gestört werden. Die Atomgeschäftsleute bauen mit einer auffallenden Hast Atomkraftwerk um Atomkraftwerk und produzieren darin die giftigsten Stoffe der Welt. Warum warten sie nicht, bis die Fusionskraftwerke zur Verfügung stehen? Könnte es sein, weil bis dann ihre mittlere Lebenserwartung abgelaufen ist? Die fossilen Brennstoffe, wie Kohle, Öl und Erdgas, reichen trotz zunehmendem Verbrauch noch für hundert Jahre. Die Fusionskraftwerke könnten also, ohne daß die Menschheit in eine Energienot gerät, in Ruhe entwickelt werden. Die Atomgeschäftsleute wollen das Geschäft jetzt machen. Die Wissenschaftler helfen ihnen dabei. Was werden ihre Kinder in 20 Jahren sagen? Welche Lebenserwartung werden sie haben? Die Kinder.

Von der sogenannten mittleren Lebenserwartung

Die Statistik gehört zu den schwierigsten und problematischsten Gebieten der angewandten Mathematik. Manche der auftretenden Probleme sind von so fundamentalem Charakter, daß sie von mathematisch Unbeschwerten überhaupt nicht wahrgenommen werden. Das mag mitunter ein Grund sein, daß die Statistik von beispielsweise Medizinern oder Wirtschaftswissenschaftlern mit einer unschuldigen Selbstverständlichkeit als Werkzeug ihrer Beweisführungen verwendet wird. In Publikationen und Expertisen erscheinen Begriffe wie statistische Signifikanz, Mittelwert oder wahrscheinlichster Wert mit einer Großzügigkeit, als ob sie durch simple Addition und Division zugänglich wären.
In Hinsicht auf die heute im Zusammenhang mit dem technischen Fortschritt und der Entwicklung (von was?) immer wieder zitierte, dank den Möglichkeiten der Technik stets steigende mittlere Lebenserwartung der Menschen soll der statistische Mittelwertsbegriff an einem Fall dargestellt werden, der im Vergleich zu einer Gesellschaft von Lebewesen einfach ist: nämlich die mittlere und wahrscheinlichste Geschwindigkeit von Gasmolekülen in einem feldfreien Raum. Die als Maxwellsche Geschwindigkeitsverteilung bezeichnete Funktion der Wahrscheinlichkeitsdichte für das Auftreten einer bestimmten Molekülgeschwindigkeit in einem Gas ergibt sich aus den folgenden Überlegungen:

$$W_{\dot{x},\dot{x}+d\dot{x}} = f(\dot{x})\,d\dot{x} = \sqrt{\frac{m}{2\pi kT}}\,e^{-\frac{m\dot{x}^2}{2kT}}\,d\dot{x}$$

$$W_{\dot{y},\dot{y}+d\dot{y}} = f(\dot{y})\,d\dot{y} = \sqrt{\frac{m}{2\pi kT}}\,e^{-\frac{m\dot{y}^2}{2kT}}\,d\dot{y}$$

$$W_{z^\cdot, z^\cdot + dz^\cdot} = f(z^\cdot)dz^\cdot = \sqrt{\frac{m}{2\pi kT}}\, e^{-\frac{mz^{\cdot 2}}{2kT}}\, dz^\cdot$$

$W_{x^\cdot,\, x^\cdot + dx^\cdot}$, $W_{y^\cdot,\, y^\cdot + dy^\cdot}$ und $W_{z^\cdot,\, z^\cdot + dz^\cdot}$ sind die Einzelwahrscheinlichkeiten für die in den Geschwindigkeitsintervallen $x^\cdot$ und $x^\cdot + dx^\cdot$, $y^\cdot$ und $y^\cdot + dy^\cdot$ sowie $z^\cdot$ und $z^\cdot + dz^\cdot$ liegenden Geschwindigkeiten $x^\cdot$, $y^\cdot$ und $z^\cdot$ in Richtung der kartesischen Koordinaten x, y und z. Weiter bedeuten m die Molekülmasse, k die Boltzmannsche Konstante und T die absolute Temperatur. Die Wahrscheinlichkeit dafür, daß ein Molekül eine Geschwindigkeit aufweist, die sowohl zwischen $x^\cdot$ und $x^\cdot + dx^\cdot$ als auch $y^\cdot$ und $y^\cdot + dy^\cdot$ und $z^\cdot$ und $z^\cdot + dz^\cdot$ liegt, ist

$$W_{\substack{x^\cdot, x^\cdot + dx^\cdot \\ y^\cdot, y^\cdot + dy^\cdot \\ z^\cdot, z^\cdot + dz^\cdot}} = W_{x^\cdot, x^\cdot + dx^\cdot}\, W_{y^\cdot, y^\cdot + dy^\cdot}\, W_{z^\cdot, z^\cdot + dz^\cdot} = \left(\frac{m}{2\pi kT}\right)^{\frac{3}{2}} e^{-\frac{m(x^{\cdot 2} + y^{\cdot 2} + z^{\cdot 2})}{2kT}}\, dx^\cdot dy^\cdot dz^\cdot$$

Dies ist die Wahrscheinlichkeit für das Auftreten einer dreidimensionalen Bewegung, deren Geschwindigkeit nach Richtung und Betrag zwischen

$$\sqrt{x^{\cdot 2} + y^{\cdot 2} + z^{\cdot 2}} \text{ und } \sqrt{(x^\cdot + dx^\cdot)^2 + (y^\cdot + dy^\cdot)^2 + (z^\cdot + dz^\cdot)^2}$$

liegt. Um die Wahrscheinlichkeit dafür zu erhalten, daß der Betrag der Geschwindigkeit unabhängig von der Richtung zwischen w und w+dw liegt, muß bei konstantem

$$w = \sqrt{x^{\cdot 2} + y^{\cdot 2} + z^{\cdot 2}}$$

über alle möglichen Richtungen integriert werden. Für das Volumenelement $dx^\cdot\, dy^\cdot\, dz^\cdot$ des Geschwindigkeitsraumes gilt bei der Transformation in Polarkoordinaten

$$dx^\cdot dy^\cdot dz^\cdot \longrightarrow w\, d\psi\, w \sin\psi\, d\varphi\, dw \quad (w = \text{const.})$$

Somit gilt für die Wahrscheinlichkeit für das Auftreten einer richtungsunabhängigen Geschwindigkeit im Intervall w und w+dw das Integral

$$W_{w, w + dw} = f(w)dw = \left(\frac{m}{2\pi kT}\right)^{\frac{3}{2}} e^{-\frac{mw^2}{2kT}}\, w^2 dw \int_0^{2\pi} d\varphi \int_0^{\pi} \sin\psi\, d\psi$$

$$\text{Da} \int_0^{2\pi} d\varphi = 2\pi \quad \text{und} \quad \int_0^{\pi} \sin\psi\, d\psi = 2$$

erhält man für die Wahrscheinlichkeit $W_{w,\, w+dw}$ die Maxwellsche Geschwindigkeitsverteilung

$$f(w)\,dw = \left(\frac{m}{kT}\right)^{\frac{3}{2}} \sqrt{\frac{2}{\pi}}\, e^{-\frac{mw^2}{2kT}}\, w^2\, dw$$

Wenn in einem betrachteten Gasvolumen n Moleküle vorliegen, so gilt

$$dn = n\,f(w)\,dw$$

Für w=O und w=∞ ist f(w)=O; das heißt, daß Moleküle, die ruhig sind, oder Moleküle, deren Geschwindigkeit über allen Grenzen liegt, nicht zu erwarten sind. Wird die erste Ableitung der Maxwellschen Geschwindigkeitsverteilung gleich Null gesetzt, so erhält man die wahrscheinlichste oder häufigste Geschwindigkeit w_h

$$w_h = \sqrt{\frac{2kT}{m}}$$

Die mittlere Geschwindigkeit wird durch die Anwendung des folgenden statistischen Mittelwertsprinzips erhalten:

$$\bar{x} = \frac{\sum\limits_{x=-\infty}^{x=+\infty} n_i x_i}{\sum\limits_{x=-\infty}^{x=+\infty} n_i}$$

In diesem Summenquotienten bedeuten x irgendeine Eigenschaft (zum Beispiel Geschwindigkeit) und n die Träger dieser Eigenschaft (zum Beispiel die Moleküle). Bei sehr großen Zahlen von Eigenschaftsträgern wird (unter Bedenken der Vertreter der reinen Mathematik) für die Summierungen die Infinitesimalrechnung angewandt.

$$\bar{x} = \frac{\int_{-\infty}^{+\infty} n_o W(x)\, x\, dx}{\int_{-\infty}^{+\infty} n_o W(x)\, dx} = \frac{\int_{-\infty}^{+\infty} x\, dn}{\int_{-\infty}^{+\infty} dn}$$

In Hinsicht auf die Maxwellsche Geschwindigkeitsverteilung ist für W(x) das f(w), das heißt die Wahrscheinlichkeitsdichte für das Auftreten einer bestimmten Geschwindigkeit, einzusetzen. Da

$$dn = n f(w) dw$$

erhält man für die mittlere Geschwindigkeit der Moleküle

$$\overline{w} = \frac{n \int_0^\infty f(w) w \, dw}{n \int_0^\infty f(w) \, dw}$$

Interessant ist, daß bei der Mittelwertsbildung die bei der Beobachtung vorliegende Individuenzahl n (die sehr groß sein muß) herausfällt. In die Rechnung geht nur das oftmals als statistisches Gewicht bezeichnete Integral

$$\int W(x) x \, dx \quad \text{bzw.} \quad \int W(x) \, dx$$

ein. Wird die Maxwellsche Verteilungsfunktion eingesetzt, so erhält man für die mittlere Geschwindigkeit

$$\overline{w} = \int_0^\infty \left(\frac{m}{kT}\right)^{\frac{3}{2}} \sqrt{\frac{2}{\pi}} \, e^{-\frac{mw^2}{2kT}} w^2 w \, dw$$

da der Nenner

$$\int_0^\infty f(w) \, dw = 1$$

was den Normierungsbedingungen entspricht. Die Lösung des Mittelwertsintegrals ergibt für die mittlere Geschwindigkeit

$$\overline{w} = \frac{2}{\sqrt{\pi}} \sqrt{\frac{2kT}{m}}$$

Es ist interessant, festzustellen, daß die mittlere Geschwindigkeit nicht viel von der wahrscheinlichsten Geschwindigkeit abweicht; nämlich

$$\overline{w} = \frac{2}{\sqrt{\pi}} w_h = 1{,}13 \, w_h$$

Das am Beispiel der Geschwindigkeitsverteilung der Moleküle eines Gases erörterte Verfahren einer statistischen Betrachtung gilt im Prinzip für alle unter analogen Bedingungen angestellten Versuche, Eigenschaften von Individuen statistisch zu erfassen. So liegt auch die von den statistisch denkenden Medizi-

nern und Gesellschaftswissenschaftlern immer wieder verwendete mittlere Lebenserwartung der Menschen in der Nähe der wahrscheinlichsten Lebenserwartung.
Diese Tatsache eröffnet einen interessanten Aspekt, der auf einen kapitalen Irrtum hinweist, der regelmäßig dann Verwendung findet, wenn mit Hilfe der mittleren Lebenserwartung die segensreiche Wirkung der technischen Entwicklung bewiesen werden soll. Offensichtlich handelt es sich bei der wahrscheinlichsten Lebenserwartung um jenes Alter, mit welchem die meisten Menschen sterben. In industriell hochentwickelten Ländern, wie zum Beispiel die Bundesrepublik, die Schweiz oder Schweden, soll die mittlere Lebenserwartung heute bis gegen 70 Jahre gehen. Was heißt das? Da nach den vorausgegangenen Betrachtungen die Werte für die mittlere und die wahrscheinlichste Lebenserwartung sich nicht beträchtlich voneinander unterscheiden, kann gesagt werden: in einer Gesellschaft, in welcher die meisten Menschen mit 70 Jahren sterben, ist die mittlere Lebenserwartung 70 Jahre. Nüchterner und richtiger ist die Aussage, daß in einer solchen Gesellschaft die mittlere Lebenserwartung den vorausgesetzten statistischen Definitionen entsprechend mit 70 Jahre angegeben wird. Es ist nämlich zu bedenken, daß diese statistische Angabe nur für diejenigen verbindlich ist, welche in einem Alter stehen, das um 70 Jahre ist.
Für die Jüngeren, vor allen Dingen für die Kinder, können statistische Erwartungsprognosen dieser Art als weitgehend gegenstandslos betrachtet werden. Denn die statistisch zu erfassenden Träger der Lebenserwartung, die Menschen, sind, im Gegensatz zu den Molekülen, als Träger von beispielsweise einer Geschwindigkeit oder dem radioaktiven Atom als Träger von ebenfalls einer Lebensdauer, von einer Umwelt abhängig, die sich in bezug auf sie zeitlich ändert. Bei radioaktiven Atomen können die Umweltsbedingungen in so mancher Hinsicht geändert werden, ohne daß sich ihre mittlere Lebenserwartung, das heißt, die Halbwertzeit des betreffenden Elements, verändert, so daß für eine Beeinflussung des (spontanen) radioaktiven Zerfalls kaum eine Hoffnung besteht. Es darf also mit guter Wissenschaftlichkeit angenommen werden, daß ein radioaktives Atom vor Jahrtausenden die gleiche mittlere Lebenserwar-

tung hatte wie eines, das vom betreffenden Element heute vorliegt. Diese (vernünftige) Annahme ist für die Altersbestimmung mit Hilfe des Zerfalls natürlicher Radioelemente (zum Beispiel die Bleiuhr) von fundamentaler Bedeutung.
Daß die mittlere Lebenserwartung der Menschen stark von der Umwelt abhängt, ist eine historische Tatsache; ist sie doch im Verlaufe der letzten 150 Jahre in Ländern, deren Umwelt in einer ganz bestimmten Weise verändert wurde, um Jahrzehnte größer geworden. Da diese Umweltsveränderung in engstem Zusammenhang mit dem steht, was industrielle und technische Revolution genannt wird, kann man die wissenschaftsgläubigen Technokraten verstehen, die eine weitere Steigerung der (zeitlichen) Lebenserwartung der Menschen prophezeien. Einige zögern nicht, Zahlen zu nennen: 100 oder mehr Jahre bis zum Jahr 2000 sind in futurologischen Fachbüchern zu finden. Da innerhalb der letzten 40 Jahre in den Ländern mit der stärksten industriellen Entwicklung sich die mittlere Lebenserwartung um größenordnungsmäßig 20 Jahre gehoben hat, kommt man bei exponentieller Extrapolation ohne Schwierigkeiten in die Gegend dieser Zahlen. Dieser Optimismus wird allerdings etwas getrübt, wenn einige Tatsachen beachtet werden.
Auch dem risikofreudigsten Wissenschaftler, der mit einer beneidenswerten Sicherheit das Schicksal der Menschheit mit Hilfe verschiedener mathematischer Extrapolationsmethoden auf Jahrzehnte hinaus berechnet, sollten ein paar Kleinigkeiten aus der Vergangenheit bekannt sein. Aus seiner eigenen Vergangenheit zum Beispiel. Unter der Annahme, der Futurologe sei heute 50 Jahre alt, soll seine Umwelt, in der er als Fünfjähriger aufwuchs und lebte, mit der heutigen Umwelt eines Fünfjährigen verglichen werden. (Als Futurologe fünfzig zu sein hat den Vorteil, daß man für Prophezeiungen über das Jahr 2000 zu gegebener Zeit kaum belangt werden kann.) Den technischen Vorteilen, die dem heutigen Kind zur Verfügung stehen, stehen Tatsachen gegenüber, deren Wirkungen auf die mittlere Lebenserwartung (der Menschen, die heute kleine Kinder sind) erst bekannt sein werden, wenn das Alter, mit dem die heute Fünfjährigen am häufigsten sterben, bekannt sein wird. Denken wir an die Nahrungsmittel und an die

materiellen Fundamente des Lebens, wie Wasser und Luft. In allen sind heute giftige chemische Substanzen enthalten (gewollt oder ungewollt), die es zur Kinderzeit derjenigen, die heute die mittlere Lebenserwartung mit ihrem langen Leben, beziehungsweise späten Tod bestätigen, zum Teil nicht einmal auf den Flaschenregalen der chemischen Laboratorien gegeben hat. Der Einfluß der mit chemischen Giften, künstlicher Radioaktivität und Lärm verseuchten Umwelt auf die mittlere Lebenserwartung der kleinen Kinder ist unbekannt; eine Tatsache, die den tollsten Spekulationen Tür und Tor öffnet — von der Apokalypse bis zum (materiellen) Paradies wird alles geboten. Was die Kindeskinder der heutigen Kinder betrifft, wagen in einer Welt, die sich exponentiell ändert, auch die kühnsten Futurologen höchstens Andeutungen zu machen, die hinter einem rosaroten Horizont verschwinden. — Alle Menschen, die vor uns lebten, durften damit rechnen, Kindeskinder zu haben.

Unlöschbare Feuer

Es mag um die Jahrhundertwende gewesen sein, als das Staunen über die Maschinen ein Maximum erreichte. Dies hat seinen Grund. Vorher gab es wenig Maschinen. Dann wurden sie zahlreicher und größer. Das Wissen um sie verbreitete sich. Das heißt, das technische Wissen hat sich verallgemeinert und ausgedehnt. Um die Jahrhundertwende waren Zahl und Größe der Maschinen gerade richtig bemessen, um mit der damaligen Unkenntnis in technischen Dingen das Staunen zu zeugen, aus welchem ein neuer Gott und die dazugehörende Gläubigkeit geboren wurde: die Wissenschaft und die Wissenschaftsgläubigkeit. Sogar kritische Philosophen waren Positivisten. Daß der neue Gott auch als Dreifaltigkeit erscheint, mag die neue Gläubigkeit, deren Tempel die Forschungsinstitute sind, unbewußt gefördert haben. Er besteht aus der Methodentrilogie der exakten Naturwissenschaften: die mechanistisch-deterministische Betrachtungsweise, das systematisch-reproduzierbare Experiment und das differentiell-kausale Prinzip.
Das Staunen hat nachgelassen, die Wissenschaftsgläubigkeit ist geblieben. Schon die zweite Mondlandung wurde beinahe als eine Selbstverständlichkeit betrachtet. Die Welt glaubt nach wie vor, daß die Wissenschaft imstande sei, die Probleme des menschlichen Daseins zu lösen. Es ist ein Paradoxon unserer Zeit, daß sich die moderne Gläubigkeit auf den voraussehbaren Ablauf der Maschine beruft. Um dem Widerspruch nicht ins Auge sehen zu müssen, wird die Wissenschaftsgläubigkeit Wissen genannt.
Es wird als ein Zeichen des Fortschritts betrachtet, daß man immer weniger Dinge für unmöglich hält. Dieses Zeichen charakterisiert sowohl das, was unter dem Fortschritt als auch unter den Dingen zu verstehen ist. Mit den Dingen sind Maschinen gemeint und mit dem

Fortschritt deren Perfektionierung. Daher ist das, was Fortschritt genannt wird, technisch unbegrenzt, und alle Dinge, das heißt alle Maschinen, sind möglich. Eine Maschine ist nur durch etwas begrenzt: durch die Gesetze der Physik. Jede Maschine, die den Gesetzen der Physik nicht widerspricht, ist möglich. Das scheinen die Menschen im Verlauf der letzten hundert Jahre gemerkt zu haben. Sie staunen immer weniger und halten immer mehr Dinge für möglich. Wegen der Wissenschaftsgläubigkeit verstehen sie unter den Dingen stets Maschinen. Sonst würden sie immer noch staunen. Eine Maschine darf nur den Gesetzen der Physik nicht widersprechen. Den Gesetzen des Lebens darf sie beliebig und ohne weiteres widersprechen, da die Physik dem Wesen des Lebendigen beziehungslos gegenübersteht. Diese Tatsache ist sowohl bemerkenswert als auch auf der Hand liegend. Oft sind gerade diese Dinge am schwersten zu sehen. Seit der Wissenschaftsgläubigkeit staunen die Menschen nicht mehr. Es ist unwissenschaftlich, zu staunen, jedenfalls was die Wissenschaft als Geschäft anbelangt. Wissenschaft als Wissenschaft ist etwas anderes.

Die Tatsache, daß jede Maschine, die den Gesetzen der Physik nicht widerspricht, gebaut werden kann, ist ein Beweis dafür, daß Atomkraftwerke nicht gebaut werden sollten. Keinesfalls heute und während der nächsten Jahrzehnte. Ein Kernfusionskraftwerk widerspricht den Gesetzen der Physik nicht und kann daher gebaut werden. Seine Realisierung ist lediglich eine Frage der Zeit und des technischen und finanziellen Aufwandes.

Beim Kernfusionskraftwerk entsteht die Atomenergie durch die Verschmelzung von leichten Atomkernen, zum Beispiel Wasserstoff, zu schwereren Atomen. Im Gegensatz zu den heutigen Atomkraftwerken, bei welchen die Energie durch Spaltung von schweren Atomkernen, zum Beispiel Uran, gewonnen wird, bilden sich dabei keine oder doch viel weniger radioaktive Abfallprodukte. Die Atomenergiegewinnung durch Spaltung von Atomkernen ist, wie der Name sagt, zwangsläufig mit der Bildung von Spaltprodukten verknüpft. In den Fachbüchern der Kernreaktortechnik steht: „Eine der wichtigsten Eigenschaften der Spaltprodukte ist ihre Radioaktivität."

Die Radioaktivität ist eine Energieform, die auch in der von Menschenhand unberührten Natur vorkommt. Dort wurde sie durch Henri Becquerel und das Ehepaar Marie und Pierre Curie-Sklodowska um die Jahrhundertwende entdeckt. Allerdings in so geringen Mengen, daß eines der wissenschaftlichen Meisterwerke der Curies darin bestand, die radioaktiven Substanzen der Uranpechblende so zu konzentrieren, daß sie chemisch faßbar waren. Diese Arbeit als einfach zu betrachten würde eine Unterschätzung der chemischen Experimentierkunst bedeuten. Die Physiker seien an dieser Stelle daran erinnert, daß ausgerechnet auf dem Gebiet der Atomenergiegewinnung es die chemische Experimentierkunst war, die den Weg öffnete. So wurde auch die Spaltung des Urankerns von Otto Hahn und Fritz Strassmann mit chemischen Methoden gefunden. Hahn erhielt einen Nobelpreis für Chemie.
In einem Bereich der Natur tritt die Radioaktivität nicht als Energieform auf: im Bereiche des Lebendigen. Mit allen möglichen Energiearten sind die Lebensvorgänge verknüpft. Mechanische und chemische Energie, Wärme und Elektrizität treten auf; niemals Radioaktivität. Die Radioaktivität ist dem Leben fremd und wirkt wegen der ungeheuer hohen Energiedichte lebenszerstörend.
Die radioaktive Strahlung entsteht beim spontanen oder beim von außen her angeregten Zerfall von Atomkernen. Die radioaktiven Spaltprodukte zerfallen spontan. Der Zerfall kann durch nichts verhindert werden. Einem unbekannten Zwang folgend, zerfallen die Kerne radioaktiver Atome unter Aussendung einer hochenergetischen Strahlung. Lebewesen, die von ihr betroffen werden, kann sie Krankheit, Tod und Siechtum bringen. Wenn die Menschen in den Atomkraftwerken radioaktive Spaltprodukte erzeugen, so gleicht dieses Tun dem Anzünden von unlöschbaren Feuern. Während Jahrhunderten senden diese Substanzen, von welchen es die meisten in der Natur überhaupt nicht gibt, ihre todbringende Strahlung aus. Es gibt keine Mittel, diese Feuer zu löschen. Durch nichts kann der Zerfallszwang gebannt werden. Seine Ursache ist rätselhaft und unbekannt. Mit dem unlöschbaren Feuer der radioaktiven Spaltprodukte lädt sich die Menschheit eine unheilschwangere Hypothek auf.

Es hilft nichts, wenn ein Physiker, der zur Zeit von manchen als der gescheiteste Deutschlands betrachtet wird, ausrechnet, daß die bis zum Jahr 2000 erzeugten Spaltprodukte in einem Würfel von etwa 20 Meter Kantenlänge Raum finden würden. Die Rechnung ist etwa gleich vernünftig, wie wenn in Hinsicht auf die Menschheitsprobleme darauf hingewiesen würde, daß die ganze Menschheit in einem Würfel von etwas mehr als einem Kilometer Kantenlänge untergebracht werden könnte. Durch die Radioaktivität der Spaltprodukte würde jener Zwanzig-Meter-Würfel auf eine Temperatur von weit mehr als 1000 Grad Celsius erhitzt werden. Solche Betrachtungen sind beziehungs- und gegenstandslos. Das Problem, in welcher Form und Konzentration die Spaltprodukte aufbewahrt werden müssen, ist damit nicht gelöst. In technologischer Sicht ist dies das Hauptproblem.
Wenn in einem Krieg, bei einer Naturkatastrophe oder bei Sabotage Feuer ausbricht, so wird das Feuer gelöscht. Dies ist möglich, wenn es sich um sogenannte klassische oder chemische Feuer handelt. Zum Beispiel brennendes Holz, brennendes Öl oder brennendes Gas. Wird aber ein Atomkraftwerk durch Kriegseinwirkung, eine Katastrophe oder Sabotage zerstört und in die Luft gesprengt, so verbreitet sich die Radioaktivität des Reaktorkerns als tödliches und unlöschbares Feuer über die Umwelt. Bei einem großen Reaktor, dessen Kernbrennstoff schon längere Zeit in Betrieb war, beträgt die Radioaktivität ein Vielfaches derjenigen, die bei einer Atombombenexplosion entsteht. Niemand wird in der Lage sein, das Feuer zu löschen. Auch im Wasser brennt es weiter. Wer solches Wasser trinkt, verbrennt sich innerlich, ohne beim Trinken etwas zu merken.
Die unlöschbaren Feuer müßten nicht sein. Es müßte mit dem Bau von Atomkraftwerken nur zugewartet werden, bis das Fusionskraftwerk technische Reife erlangt hat. Da es den Gesetzen der Physik nicht widerspricht, ist sein Bau möglich. Trotz der gewaltigen Probleme ist seine Verwirklichung lediglich eine Frage der Entwicklungszeit und des technischen Aufwandes. Spätestens in einigen Jahrzehnten wären die Ingenieure soweit. Neben dem Vorteil, daß bei Fusionskraftwerken radioaktive Spaltprodukte vermieden

werden, besteht noch die Tatsache, daß die Kernbrennstoffe, zum Beispiel schweres Wasser, im Gegensatz zum Uran in beliebigen Mengen an jedem Ort der Erde zur Verfügung stehen. Ferner kann mit einem bedeutend höheren Wirkungsgrad bei der Umwandlung der Atomenergie in Elektrizität gerechnet werden. Dies hätte zur Folge, daß die Abfallwärme bei einem Fusionskraftwerk viel geringer wäre als bei einem heutigen Atomkraftwerk. Die gewässertötende Erwärmung der Flüsse und Seen könnte vermieden werden.

Es besteht sogar die theoretische Möglichkeit, Fusionsreaktoren so zu bauen, daß praktisch alle Atomenergie in Elektrizität verwandelt würde. Nicht nur etwa ein Drittel wie bei den heutigen Kraftwerken, wo die restlichen zwei Drittel der Energie die Umwelt mit Abfallwärme verseuchen. Der Begründer der statistischen Thermodynamik, Ludwig Boltzmann, hielt es zwar nicht für möglich, daß der 1. Hauptsatz der Wärmelehre umgangen werden könnte. Da müßte der Mensch als Deus creator wirken, das heißt, aus nichts etwas machen. Jedoch hielt er es nicht für ausgeschlossen, daß eine geschickt konstruierte Maschine die Wärmebewegung der Moleküle so zu ordnen vermöchte, daß der zweite Hauptsatz umgangen werden könnte. In einem Fusionsreaktor ist eine gerichtete Wärmebewegung des Plasmas denkbar, die direkt in elektrische Energie umgewandelt werden könnte.

Warum wartet man nicht, bis in einigen Jahrzehnten Fusionskraftwerke möglich sind? Mit hektischer Hast werden Spaltungskraftwerke gebaut, die mit der Unabänderlichkeit der Naturgesetze Radioaktivität produzieren. Die Atomgeschäftsleute wollen ihre Geschäfte jetzt machen. Die Wahrscheinlichkeit ist groß, daß sie zur Zeit, da Fusionskraftwerke gebaut werden können, an einem Ort sind, wo es keine Geschäfte gibt.

Moderne Friedhöfe sind Leichenumschlagsplätze. Die sogenannte juristische Grabesruhe beträgt größenordnungsmäßig 20 Jahre. Es gab Kulturen, wo die Toten nicht gestört werden durften. Ein Realist wie Winston Churchill sagte: „Die menschliche Gesellschaft besteht aus den Lebenden und den Toten." Wer die Ahnen vergißt, vergißt auch die Nachkommen. Der Grund ist das Geschäft. Das maßlose Geschäft, „big business". Wahrscheinlich sind wir die ausbeutungsgierigste Generation der Geschichte. Nicht weil wir schlechter sind als unsere Vorfahren, sondern weil wir die Mittel zur maßlosen Ausbeutung haben: die Maschinen. Schon die Enkel werden auf einer ausgebeuteten Erde stehen. Inmitten von Fabriken. Falls sie es erleben.

Klassische und moderne Brennstoffe

Man kann in Kreisen moderner, beziehungsweise zeitgemäßer Wissenschaftlichkeit hören, daß zwischen einer humanistischen und einer mathematisch-naturwissenschaftlichen Bildung unterschieden wird. Oftmals wird, was Ausdruck einer Nuance (auf die Wert gelegt wird) sein mag, nicht von exakt-naturwissenschaftlicher Bildung, sondern Ausbildung gesprochen. Wenn man bedenkt, daß beispielsweise ein Mann zum Soldaten ausgebildet und nicht etwa gebildet wird, so drängt sich der Gedanke, daß zwischen Bildung und Ausbildung ein beachtlicher Unterschied bestehen muß, geradezu auf. Moderne (zeitgemäße) Physiker oder Chemiker pflegen ihren, in homöopathischen Dosen aufgenommenen Humanismus dadurch zum Ausdruck zu bringen, daß sie zur Kennzeichnung physikalischer oder chemischer Begriffe hier und da ein Wort aus der Kulturgeschichte entleihen. Zum Beispiel unterteilen sie ihre Wissenschaften in einen klassischen und einen modernen Abschnitt; in klassische und moderne Physik, klassische und moderne Chemie oder sogar klassische und moderne Genetik. Hin und wieder frage ich einen Physiker, warum es nur eine klassische und nicht auch eine romantische oder barocke Physik gibt. Die meisten Antworten laufen darauf hinaus, daß der Begriff an sich unwesentlich sei, daß man lediglich ein Wort genommen habe, um die beiden wissenschaftsgeschichtlichen Epochen voneinander zu unterscheiden. Antworten dieser Art mögen Hinweise für die erkenntnistheoretischen und philosophischen Aktivitäten an den naturwissenschaftlichen Fakultäten moderner Hochschulen (die sich oft Universitäten nennen) sein.
Zeitlich gesehen liegt die Grenze zwischen den klassischen und den modernen Naturwissenschaften, von Fach zu Fach etwas variie-

rend, in der Gegend um die letzte Jahrhundertwende. In jenem Zeitraum wurde festgestellt, daß die Gesetze der Galileisch-Newtonschen Mechanik sowohl im Bereich des Mikrokosmos der Atome und Moleküle wie auch für astronomische Dimensionen keine Gültigkeit haben. Die genialen Köpfe der Atomphysik schufen die Quanten- und Wellenmechanik; aus dem negativen Ergebnis des Versuches von Michelson und Morley zum Nachweis eines Weltäthers entstanden die Kontraktionsvorstellungen von Lorentz und (darauf bauend) die spezielle und allgemeine Relativitätstheorie von Einstein, in der die Newtonsche Mechanik als ein Spezialfall (für irdische Dimensionen) enthalten ist. Man könnte sagen, der Schritt von der klassischen zur modernen Physik bedeutete das Verlassen einer Welt von Größen, die mit der menschlichen Gestalt vergleichbar sind, und das Betreten einer Welt von unvorstellbaren Abstraktionen mit beliebig kleinen und beliebig großen Abmessungen: der geschlossene Kosmos des klassischen Altertums (für uns des Griechentums) wurde verlassen, um ein unendlich großes, offenes Universum zu betreten. Es gibt Philosophen, die sagen, daß dieses Universum, im Gegensatz zum Kosmos (der Griechen) so groß sei, daß die Menschen darin sich selber verlieren.
Das Feuer, das Prometheus den Menschen brachte, ist unter dem Aspekt dieser wissenschaftsgeschichtlichen Grenze ein klassisches Feuer. (Unabhängig davon, daß Prometheus ein „Grieche" war.) Bei diesem Feuer handelt es sich um stark exotherme chemische Reaktionen, die bei Temperaturen von der Größenordnung 1000 °C verhältnismäßig rasch und selbständig ablaufen. Beim herkömmlichen Feuer sind die Reaktionspartner der in der Luft enthaltene Sauerstoff und die bekannten brennbaren Substanzen. Solche chemische oder eben klassische Feuer können aber auch ohne Sauerstoff erzeugt werden; so können sich beispielsweise Reaktionen zwischen Halogenen und gewissen Elementen oder Verbindungen unter Feuererscheinung abspielen. Das Wesen des klassischen Feuers ist stets eine chemische Reaktion. Wird die Materie aus der Sicht der Atome beziehungsweise Atommodelle betrachtet, so spielen sich die chemischen Reaktionen in der Elektronenhülle der Atome ab, indem die Valenzelektronen durch Aus-

tausch oder Wechselwirkung die chemischen Bindungskräfte verursachen, die ihrerseits Ursache chemischer Energien sind. Werden keine speziellen Vorkehrungen getroffen, so verwandelt sich die chemische Energie in Wärme, die in die Umgebung abfließt, ein Vorgang, der beim Feuer mit einer entsprechend hohen Temperaturdifferenz abläuft. Die Energieänderung, die ein Valenzelektron bei einem chemischen Prozeß erfährt, liegt in der Größenordnung von einigen Elektronenvolt. (Ein Elektronenvolt entspricht der Energie, die ein Elektron aufnimmt, wenn es (im Hochvakuum) durch ein Potential von einem Volt beschleunigt wird.) Für eine greifbare Menge von Materie, zum Beispiel für ein Mol Substanz (das $6{,}023 \cdot 10^{23}$ Moleküle enthält), bedeutet das Energieumsätze, die in der Größenordnung von 10^2 Kilokalorien liegen. — Die klassischen Brenn- (und Spreng-)stoffe beruhen also auf dem Prinzip chemischer Reaktionen, wobei ein Reaktionspartner in den meisten Fällen Sauerstoff ist.

Bei den als Kernbrennstoffe bezeichneten Substanzen handelt es sich um Materialien, die im Sinne der oben dargestellten wissenschaftsgeschichtlichen Grenze moderne Brennstoffe genannt werden können. Das „Feuer", das mit ihrer Hilfe in einem Atomkraftwerk unterhalten wird, oder das „Feuer", das bei der Explosion einer Atombombe entsteht (wenn der Kernbrennstoff als Kernsprengstoff verwendet wird), hat mit dem althergebrachten klassischen (chemischen) Feuer nichts mehr zu tun. Die Reaktionen, die zum modernen (nuklearen) „Feuer" führen, spielen sich nicht in der Elektronenhülle der Atome, sondern in deren etwa zehntausendmal kleineren Kernen ab, in welchen nahezu die ganze Masse der Materie mit einer Dichte vorhanden sein muß, die billionenfach größer ist als die Dichte der greifbaren Materie. Im Gegensatz zu den chemischen Reaktionen liegen die Energieumsätze, die bei Kernreaktionen auftreten, in der Größenordnung von Millionen Elektronenvolt. Das Prinzip der Kernreaktionen besteht entweder in einem Zerfall von Atomkernen in leichtere Kerne und Kernteilchen (Nukleonen) oder einem Aufbau von Atomkernen aus leichteren Kernen und Nukleonen. Im ersten Falle handelt es sich entweder um die künstlich (zum Beispiel durch Neutronenbestrahlung) herbeiführende Kernspaltung oder die spontane (natürliche oder künstliche) Radioaktivität. Der zweite Fall enthält die Kernverschmelzung bei extrem hohen Temperaturen (zum Beispiel die Verschmelzung (Fusion) von Deuterium (schwerer Wasserstoff) zu Helium bei Temperaturen von der Größenordnung Hundertmillionen Grad) oder den Aufbau von Isotopen oder Elementen mit höherer Ordnungszahl durch Bestrahlung mit beispielsweise Neutronen, beziehungsweise Protonen.

Die bei solchen Kernreaktionen auftretenden hohen Energieumsätze können unter dem Aspekt des Einsteinschen Massen-Energie-Äquivalents, das aus der Relativitätstheorie folgt, verstanden werden. Die bekannte Beziehung zwischen Masse und Energie lautet

$$E = mc^2$$

Die einer bestimmten Masse m äquivalente Energie E ist durch die (konstante) Lichtgeschwindigkeit c verknüpft, die als Quadrat in die Beziehung eingeht. Die Größe der Lichtgeschwindigkeit (etwa $3 \cdot 10^8$ Meter pro Sekunde) macht die ungeheure Größe des Massen-Energie-Äquivalentes verständlich. Bei allen Kernreaktionen wird festgestellt, daß zwischen der Summe der Massen der Reaktionspartner (vor der Reaktion) und der Summe der Massen der Reaktionsprodukte (nach der Reaktion) eine Differenz besteht. Dieser Massendifferenz ist die bei Kernreaktionen umgesetzte Energie nach der Einsteinschen Gleichung äquivalent. Verschwindet bei der Kernreaktion Masse, was als Massendefekt bezeichnet wird, so wird die äquivalente Energie in Form von verschiedenen Strahlungen frei. Die Kernreaktionen bei der Kernspaltung schwerer Elemente im Atomreaktor und in der Atombombe, bei der natürlichen und künstlichen Radioaktivität und bei der Kernverschmelzung in der „Wasserstoffbombe" sind stets mit solchen Massendefekten verbunden, daß pro Atom Energien von der Größenordnung Millionen Elektronenvolt freiwerden.

Bei greifbaren Materienmengen, beispielsweise 10^{24} Atome, was, je nach Atomgewicht, Massen von der Größenordnung einige Gramm bis Kilogramm ergibt, bedeutet das, daß die freiwerdende

Energie bei Kernreaktionen millionenfach größer ist als die mit vergleichbaren Substanzmengen bei chemischen Reaktionen produzierte Energie. Wie wir gesehen haben, liegt die bei einem chemischen (klassischen) Feuer entwickelte Energie pro Mol Substanz ($6{,}023 \cdot 10^{23}$ Moleküle beziehungsweise Atome) in der Größenordnung von 10^2 Kilokalorien. Da bei einem nuklearen (modernen) „Feuer" pro Atom nicht (wie bei einer chemischen Reaktion) größenordnungsmäßig ein, sondern Millionen Elektronenvolt freiwerden, liegt die produzierte Energie in der Größenordnung von 10^8 Kilokalorien pro Mol Kernbrennstoff.
Solche Betrachtungen werfen einiges Licht auf die Tatsache, daß bei der Verwendung von Kernbrennstoffen zur Gewinnung einer bestimmten Energiemenge millionenmal weniger Material umgesetzt werden muß als bei der Erzeugung derselben Energie mit Hilfe von chemischen Reaktionen (zum Beispiel Verbrennen von Kohle oder Petroleum). Auch ist es verständlich, daß ein Kilogramm Kernsprengstoff (in einer Atom- oder „Wasserstoffbombe") millionenfach stärker explodiert als ein Kilogramm chemischer Sprengstoff (zum Beispiel Dynamit oder Trinitrotoluol). Entsprechend der wissenschaftsgeschichtlichen Grenze werden die chemischen Sprengstoffe im Vergleich zu den Kernsprengstoffen von den Fachleuten oftmals als klassische Sprengstoffe bezeichnet. So wird beispielsweise das Zerstörungspotential einer Atombombe in Tonnen klassischem Sprengstoff angegeben. Wenn also eine „Wasserstoffbombe" ein Zerstörungspotential von 100 Megatonnen hat, so heißt das, daß 100 Millionen Tonnen Dynamit abgefeuert werden müßten, um eine äquivalente Explosionswirkung zu erzeugen. Das würde einem Quader entsprechen, der 1 Kilometer lang, 1 Kilometer breit und 100 Meter hoch dicht mit Dynamit gefüllt ist; allerdings repräsentiert diese Vergleichsmenge an klassischem Sprengstoff nur die mechanische und teilweise die thermische Vernichtungskraft einer Atombombe. Die durch die Spaltprodukte und den ungeheuren Neutronenfluß erzeugte radioaktive Verseuchung der Umwelt wird durch dieses chemische Sprengstoffäquivalent nicht erfaßt. Wer die Explosion eines chemischen Sprengstoffs heil überlebt hat, kann den Explosionsherd betreten,

ohne daß ihm etwas geschieht. Anders in der Umgebung einer Kernexplosion: das nukleare „Feuer" der Radioaktivität ist unlöschbar. Ein klassisches Feuer kann auf verschiedene Arten gelöscht werden; es muß lediglich auf irgendeine Weise die chemische Reaktion unterbrochen, beziehungsweise verlangsamt werden. Zum Beispiel kann die Zufuhr eines Reaktionspartners abgesperrt werden, im Falle eines gewöhnlichen Feuers die Zufuhr von Brennstoff oder Sauerstoff. Manche Feuerlöschgeräte beruhen teilweise oder ganz auf dem Prinzip der Sauerstoffabsperrung, zum Beispiel Kohlensäure-, Staub-, Schaum- oder Nebellöschgeräte. Die sauerstoffhaltige Luft in der Umgebung des brennbaren Materials wird durch Gase verdrängt, welche die Verbrennung nicht fördern, beziehungsweise ersticken (meist Kohlensäure oder Stickstoff). Es ist aber auch möglich, ein chemisches Feuer zu löschen, indem die Temperatur der Reaktionspartner abgesenkt wird, was man gewöhnlich durch Bespritzen mit Wasser bewerkstelligt. Dieses seit alters her verwendete Löschverfahren beruht auf der starken Temperaturabhängigkeit der chemischen Reaktionsgeschwindigkeitskonstanten. Es gilt nämlich die Beziehung

$$k = Ae^{-\frac{E}{RT}}$$

Dabei bedeuten k die (von der Temperatur abhängige) Geschwindigkeitskonstante, A eine von den Reaktionspartnern abhängige Konstante, E die für die Reaktion erforderliche Aktivierungsenergie, R die universelle Gaskonstante und T die absolute Temperatur. Da die Temperatur im Nenner des negativen Exponenten eingeht, nimmt die Geschwindigkeit chemischer Reaktionen mit steigender Temperatur stark zu. Bei vielen Reaktionen liegt die Größe der Aktivierungsenergie etwa so, daß bei einer Steigerung der Temperatur um 10 °C die Reaktionsgeschwindigkeit ungefähr verdoppelt wird. Das heißt, daß beispielsweise bei einer Erhöhung der Temperatur um 100 °C die Reaktionsgeschwindigkeit 2^{10}mal, also etwa 1000mal größer wird. Solche Betrachtungen mögen dem mathematisch Interessierten dazu dienen, die zündende Kraft des Streichholzes und die löschende Wirkung des Wassers auf eine quantitative Weise darzustellen.

Auch was das Löschen anbelangt, verhält sich das moderne (nukleare) „Feuer" völlig anders als das klassische (chemische) Feuer, wenn das „Feuer" auf dem spontanen Zerfall radioaktiver Elemente beziehungsweise Isotopen beruht. Wie bereits im Kapitel „Die Frage der Dosis" gezeigt worden ist, wird der radioaktive Zerfall ebenfalls durch eine Geschwindigkeitskonstante k, die Zerfallskonstante, charakterisiert. Jedoch ist diese Zerfallskonstante, im Gegensatz zur chemischen Reaktionsgeschwindigkeitskonstanten, durch nichts beeinflußbar. Es ist also nicht möglich, den radioaktiven Zerfall durch irgendeine Manipulation zu stoppen (wobei stets an Veränderungen gedacht wird, die im Bereiche terrestrischer Drücke und Temperaturen liegen). Auch die andere bei den chemischen Feuern erwähnte Löschmöglichkeit, das Absperren von Reaktionspartnern, ist beim radioaktiven „Feuer" gegenstandslos: der radioaktive Zerfall spielt sich im betreffenden Element beziehungsweise Isotop selbst ab; Reaktionspartner irgendwelcher Art sind nicht vorhanden. — Für radioaktive „Feuer" gibt es keine Feuerlöscher.
Die gewaltigen Mengen an radioaktiven Spaltprodukten (Atommüll genannt), die die Menschen in ihren modernen Öfen, den Kernreaktoren der Atomkraftwerke, produzieren, „brennen" auf den Atommüllagerplätzen weiter; ein Teil von ihnen während Jahrhunderten. Ihr „Feuer" besteht in einer lebensgefährlichen Strahlung, die Stahl, Beton und Blei zu durchdringen vermag, wenn die Schichtdicke nicht genügend groß ist. Wenn kommende Generationen diese „Feuer" löschen wollten, so stünde ihnen kein Mittel zur Verfügung. Radioaktive „Feuer" sind unlöschbar, die Menschen müssen warten, bis sie „ausgebrannt" sind — Jahrzehnte und Jahrhunderte lang.

Nachwort

Was können wir tun?
Es bleibt uns nichts anderes, als den maßlosen Verbrauch materieller Güter drastisch einzuschränken. Die Industrieländer müssen ihre wirtschaftliche Expansion stoppen. Wir müssen, was die materiellen Dinge anbelangt, bescheidener werden. Im Gegensatz dazu müssen wir das Wachstum geistiger und seelischer Werte fördern — ihnen sind keine Grenzen gesetzt. Jeder Einzelne muß bei sich anfangen. Die durch die maßlose Anwendung technischer Möglichkeiten entstandenen Probleme können nicht mit technischen Mitteln alleine gelöst werden. Keinesfalls wird eine Lösung möglich sein, wenn wir nicht von unserer materialistischen Weltanschauung (ob kapitalistischer oder dialektischer Materialismus, spielt keine Rolle, da beide im selben Grund wurzeln) Abstand nehmen. Natürlich wird Technik nötig sein, um die durch die maßlose Anwendung technischer Möglichkeiten entstandenen Umweltsprobleme zu bewältigen. Aber es wird nicht möglich sein, mit *dieser* Technik Geschäfte zu machen. Das heißt, wenn wir versuchen, mit der Wiedergutmachung der zerstörten Natur Geschäfte zu machen, so wird der Erfolg ausbleiben. Sonst wäre es möglich, aus der Tilgung der durch industriellen Raubbau entstandenen Sünden Gewinne zu schlagen. An die Belohnung einer solchen Unmoral wird nicht einmal ein Atheist glauben.
Sowenig wie es möglich gewesen wäre, durch die Gründung eines Bundes zum Schutze des Römischen Reiches dessen Untergang zu verhindern, sowenig wird es möglich sein, durch Umweltschutzvereine unsere Zivilisation vom Untergang zu bewahren. Das Schicksal einer Gesellschaft liegt in den Händen der Einzelnen. Nichts ist einfacher, als die Welt, und nichts schwerer, als sich selbst

zu verbessern. Das mag der Grund sein, warum es so viele Welt- und so wenig Selbstverbesserer gibt. — Gewiß, die Revolutionen haben die Welt verändert, aber haben sie sie verbessert?

Der Verfasser hat anläßlich der Vorträge, die er über die in diesem Buch dargestellten Probleme an verschiedenen Orten gehalten hatte, Feststellungen machen müssen, die ihn bald davon abhielten, solche Vorträge zu halten. In den anschließenden Diskussionen haben sich jeweils zahlreich Weltverbesserer zum Wort gemeldet.

Da gab es Prokuristen großer Firmen, die eingeschriebene Gegner von Atomkraftwerken waren. Dem Verfasser ist keiner begegnet, der nicht gehofft hätte, bald zum Direktor befördert zu werden. Solche Beförderungen — sie werden durch eine Steigerung des Umsatzes erreicht — bedeuten eine Erhöhung von Einkommen und Ansehen. Der Umsatz einer Fabrik hängt von Maschinen ab; ein größerer Umsatz erfordert mehr, schnellere und größere Maschinen. Maschinen werden mit Elektrizität angetrieben. Woher kommt die Elektrizität? Auf eine Steigerung des Umsatzes könne, sagen die Prokuristen, nicht verzichtet werden — wegen der Konkurrenz.

Viele Damen sind gegen Atomkraftwerke — weil sie Mütter sind. Kinder sind in einer vergifteten Umwelt am meisten gefährdet. Damen haben gepflegte Hände, sie wünschen sich zu Weihnachten Geschirrspülmaschinen. Alle Haushaltmaschinen haben ein Anschlußkabel mit einem Steckkontakt. Woher kommt die Elektrizität in der Steckdose? — Wegen des Fernsehprogramms wollen Tochter, Sohn und Mann beim Geschirrabwaschen nicht mehr helfen.

Da gab es Handwerker; mit großen Automobilen waren sie zum Vortrag gefahren. Auch Architekten gab es — mit noch größeren Autos. Nur wenige waren zu Fuß oder mit öffentlichen Verkehrsmitteln gekommen. Wer im Grünen wohnt, braucht einen Zweitwagen für die Frau und einen Drittwagen für die „Kinder". Wer einmal einen großen Wagen gefahren hat, kann nicht wieder einen kleineren fahren. Prestige und gesellschaftliche Verpflichtungen, verstehen Sie?

Je größer das Auto, um so mehr Benzin, Öl, Stahl, Kupfer, Aluminium, Glas und Gummi sind erforderlich. Das alles wird mit Maschinen hergestellt. Maschinen laufen mit Elektrizität — Atomkraftwerke sind Elektrizitätswerke. Man weiß — oder man sollte wissen —, daß das Automobil, seine Herstellung, sein Betrieb (sogar seine Beseitigung) die größten Umweltbelastungen darstellen. Trotzdem wollen alle im eigenen Auto fahren — auch die Gegner von Atomkraftwerken. Sie wollen den Bären waschen, ohne daß er naß wird. Sie fragen, wie soll man zeitgemäß reisen und auf das Automobil verzichten? Etwa mit der Eisenbahn? Gar zweiter Klasse? (Da in der zweiten Klasse zum Transport einer bestimmten Anzahl Reisenden weniger Wagen erforderlich sind, braucht die Lokomotive pro Zweitklasspassagier weniger Energie.) Früher gab es eine dritte Wagenklasse; Albert Schweitzer ist immer dritter Klasse gereist. Mao Tse-tung wurde belächelt, als er erklärte, in China würde das Verkehrsproblem der Städte mit Fahrrädern gelöst werden. (Die, die lächeln, meinen wohl, die Chinesen seien als Rikschakulis das Trampeln gewohnt.)

Ohne elektrische Weihnachtsbeleuchtung ist das Weihnachtsgeschäft undenkbar. (Das Wort Weihnachtsgeschäft erregt unter zeitgemäßen Christen keine Abscheu. Fortschrittliche Menschen wissen, daß Tabus wissenschaftlich nicht haltbar sind. Zur Verteidigung des Christentums sorgen die Amerikaner zur Zeit in Vietnam für Weihnachtsbeleuchtung — mit Bomben.) Da war die Inhaberin eines bekannten Modegeschäftes; sie sei auf die Weihnachtsbeleuchtung angewiesen, sagte sie — wegen der Konkurrenz. Ja, wenn diese auf die Beleuchtung verzichten wollte. Aber die Kundschaft ist verwöhnt, man muß sie mit dem elektrischen Weihnachtslicht anziehen. — Die Dame brachte in der Diskussion zum Ausdruck, daß sie nicht gegen den Verbrauch von Elektrizität, sondern gegen deren Herstellung in Atomkraftwerken sei. Ihr Pelzmantel saß tadellos. Als Christ sollte man nicht ausgerechnet am Weihnachtsfest sparen, meinte sie.

Sie waren in den Ferien: in Kenya, Marokko, Mexiko, in der Südsee oder wenigstens in Spanien. Mit dem Flugzeug — Charterflug —, alles inbegriffen, gar nicht teuer. Sie waren zufrieden, sie werden nächstes Jahr wieder fliegen — wenn möglich weiter. Flugzeuge

sind Maschinen, sie werden mit Elektrizität gebaut. Um „billig" nach Afrika, Amerika oder Asien zu fliegen, braucht es große Flugzeuge. Große, volle Maschinen — Maschinen voll Menschen und Benzin. Um Benzin zu machen, braucht es Elektrizität; viel Benzin braucht viel Elektrizität. — Nächstes Jahr werden sie wieder fliegen; in vollen Flugzeugen — zu vollen Fleischtöpfen in Ländern, wo Menschen hungern.
Da waren ein Direktor und eine Sekretärin; beide arbeiteten in der gleichen Fabrik, einer Wegwerfwarenfabrik. Der Herr Direktor ist gegen die Atomkraftwerke, weil er Vater ist, das Fräulein, weil sie Mutter werden könnte. Er wurde Direktor, weil er den Umsatz, die Produktion von Wegwerf (Einwegpackungen) gesteigert hatte. Plastik, Papier und Glas verlassen in Form von Dosen, Schachteln, Tüten und Flaschen als Attraktivpackungen tonnenweise die Wegwerffabrik. Auf den Flaschen heißt es in drei Sprachen: „Wegwerfflasche — verre perdu — no return." Der Ausdruck „no return" erinnert mich an einen Begriff in der Navigation: PNR — Point of No Return. Es wird damit jener Punkt auf der Route eines Schiffes oder Flugzeuges bezeichnet, nach dessen Überschreitung nicht mehr umgekehrt werden kann, weil der Brennstoff zum Erreichen des Ausgangshafens nicht mehr reichen würde. Wie lange können wir mit dem Raubbau an den Gütern unserer Erde weiterfahren, bis der PNR überschritten ist? Noch der Vater des Direktors hatte Flaschen, Dosen, Papier und Bindfaden mit Sorgfalt aufbewahrt und wieder verwendet. Der Wegwerf des Direktors braucht Elektrizität, weil er mit Maschinen gemacht wird. Und nach dem Wegwerfen braucht er nochmals Elektrizität, weil der Müll mit den Maschinen der Müllanstalten verbrannt werden muß. Überdies braucht die Müllvernichtung auch Luft, jedes Feuer braucht Luft. Dieselbe Luft, die die Menschen und Tiere zum Atmen benötigen. Der Papierwegwerf wird aus Holz gemacht, aus dem Holz der Bäume, die uns die Luft zum Atmen geben. — Der Wegwerfdirektor ist gegen die Atomkraftwerke, weil er Vater ist, die Sekretärin, weil sie Mutter werden könnte.
Natürlich, es gibt auch Politiker, die gegen Atomkraftwerke sind! Warum? Doch nicht etwa aus politischen Gründen? Politiker tun

immer so, als ob sie vor den Wahlen niemals etwas versprochen hätten. Schließlich beruht ihre Existenz auf der Trägheit und Vergeßlichkeit der Massen. Für Politiker sind Atomkraftwerke ein gutes Mittel zur Karriere; mehr als die Umwelt erhitzen sie die Gemüter. Ob man ohne Politiker auskommen kann, weiß niemand, weil es noch nie eine Zeit ohne eitle, macht- und karrierehungrige Menschen gegeben hat.

Max Thürkauf
Technomanie – die Todeskrankheit des Materialismus